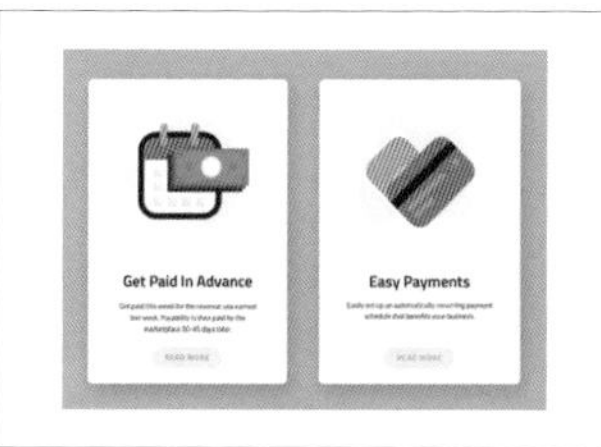

元素的扁平化设计

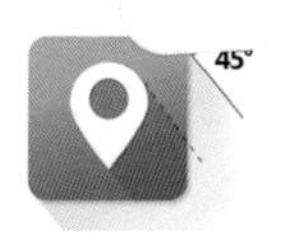

长阴影图标的光源入射角度

界面色彩运用

拟物化风格的界面

拟物化风格日历启动图标

钢琴结构分析

拟物化图标光影分析

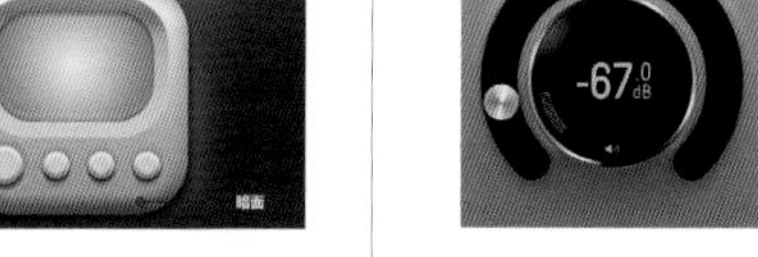

音量调节图标

拟物化风格抽屉邮件启动图标

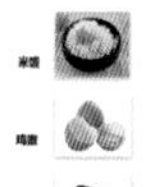

统一图标组件的透视角度

拟物化图标草图绘制

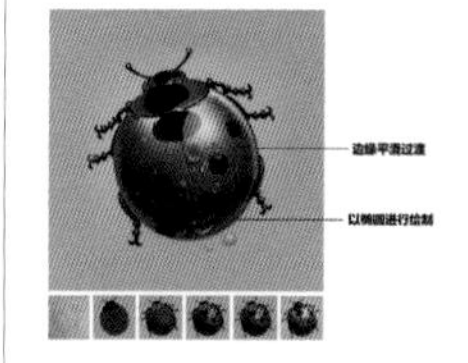

拟物化图标效果图绘制

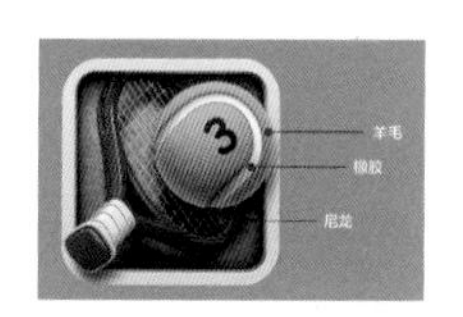

网球 App 启动图标

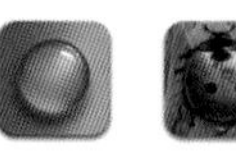

整体呈现的拟物化图标

局部呈现的拟物化图标

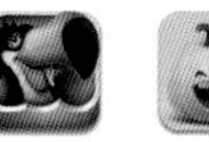

夸张表现的拟物化图标

拟物化相机图标

Android 系统侧边栏

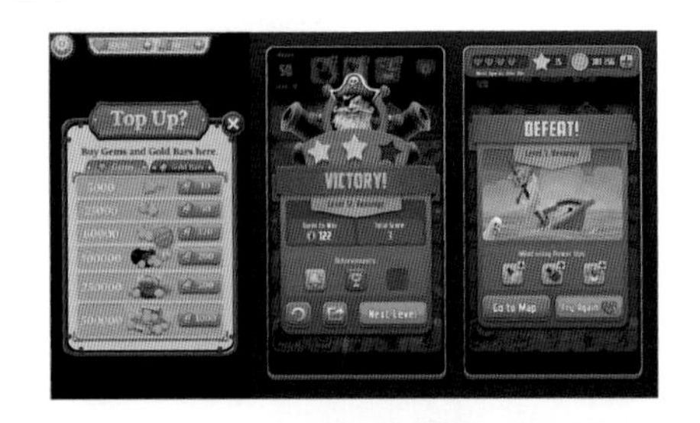

特殊字体图形化处理

iPhone 中的警告框

iPhone 中的操作表

活动指示器

iOS 系统主界面

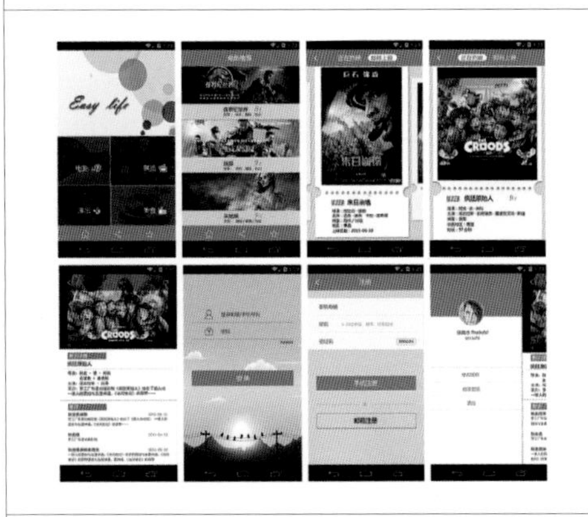

“生活帮帮帮” App 界面

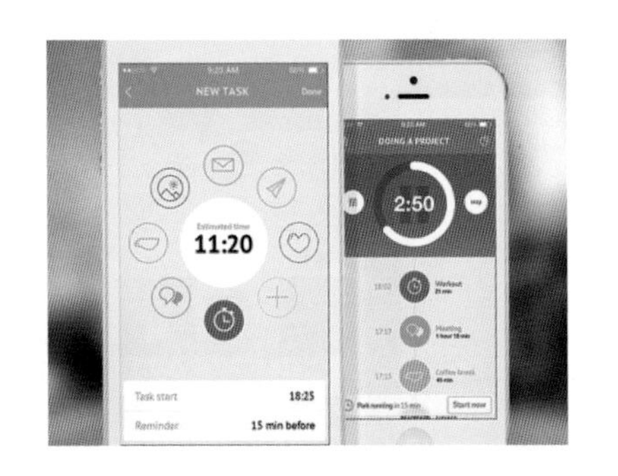

简洁的界面设计

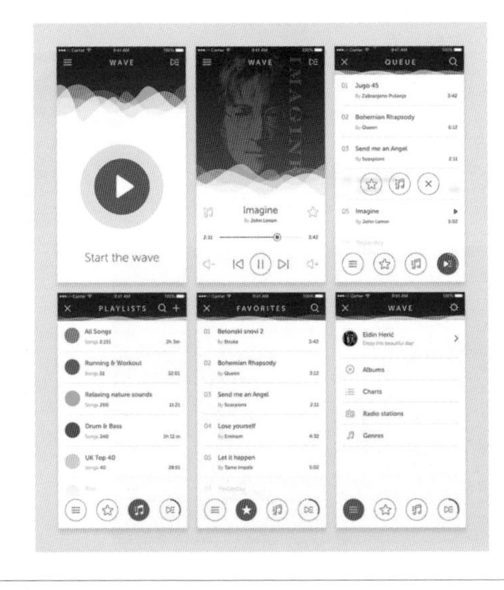

统一的视觉风格

新技术技能人才培养系列教程

互联网UI设计师系列

北京课工场教育科技有限公司

出品

移动 UI 界面设计

肖睿 杨菊英 李丹 / 主编

周璨 朱慧泉 王飞 / 副主编

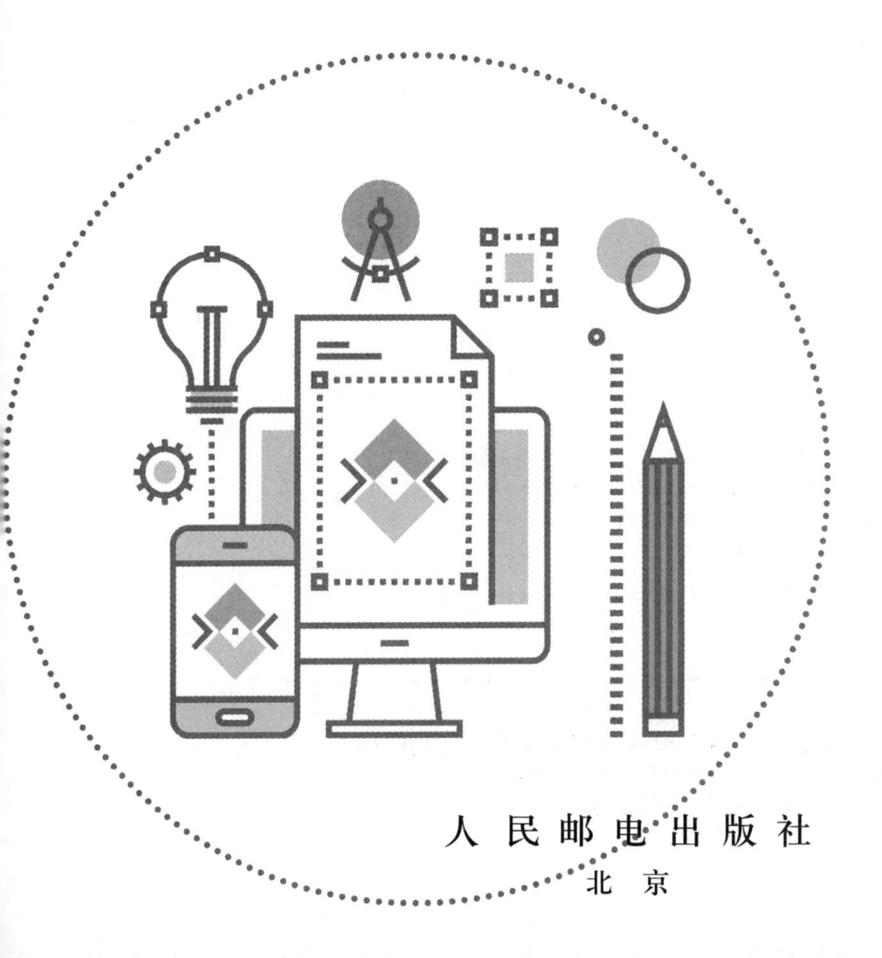

人 民 邮 电 出 版 社

北 京

图书在版编目（CIP）数据

移动UI界面设计 / 肖睿，杨菊英，李丹主编. -- 北京 : 人民邮电出版社，2019.2(2021.11重印)
新技术技能人才培养系列教程
ISBN 978-7-115-50309-1

Ⅰ. ①移… Ⅱ. ①肖… ②杨… ③李… Ⅲ. ①移动电话机－人机界面－程序设计－高等学校－教材 Ⅳ. ①TN929.53

中国版本图书馆CIP数据核字(2018)第269667号

内容提要

本书主要讲解移动 UI 的设计方法和技巧。全书共 7 章，分别介绍了移动 UI 设计的流程、Android 系统与 iOS 系统 UI 图标设计规范和技巧、扁平化和拟物化风格图标的理论知识及设计方法、Android 系统与 iOS 系统 UI 设计规范、休闲娱乐类 App 项目案例分析与制作。

本书采用案例驱动的方式，让读者掌握不同风格的图标以及 iOS 与 Android 两大主流手机操作系统的界面设计规范和设计手法，并能够按照企业需求制作完整的移动 App。本书适合作为高等院校相关设计专业的教材，也适合 UI 设计爱好者和 App 界面设计人员阅读。

◆ 主　　编　肖　睿　杨菊英　李　丹
副 主 编　周　璨　朱慧泉　王　飞
责任编辑　朱海昀
责任印制　马振武

◆ 人民邮电出版社出版发行　　北京市丰台区成寿寺路 11 号
邮编　100164　　电子邮件　315@ptpress.com.cn
网址　http://www.ptpress.com.cn
北京天宇星印刷厂印刷

◆ 开本：787×1092　1/16　　彩插：1
印张：10.5　　2019 年 2 月第 1 版
字数：239 千字　　2021 年 11 月北京第 10 次印刷

定价：39.80 元

读者服务热线：(010)81055256　印装质量热线：(010)81055316
反盗版热线：(010)81055315
广告经营许可证：京东市监广登字 20170147 号

互联网UI设计师系列

编 委 会

序　言

丛书设计

互联网产业在我国经济结构的转型升级过程中发挥着重要的作用。当前，方兴未艾的互联网产业在我国有着十分广阔的发展前景和巨大的市场机会，这意味着行业需要大量的与市场需求匹配的高素质人才。

在新一代信息技术浪潮的推动下，各行各业对UI设计人才的需求在迅速增加。许多全副知识武装走出校门的应届毕业生和有着多年工作经验的传统设计人员，由于缺乏对移动端App、新媒体行业的理解，缺乏互联网思维和前端开发技术等，导致他们所掌握的知识和技能满足不了行业、企业的要求，因此很难找到理想的UI设计师工作。基于这种行业现状，课工场作为IT职业教育的先行者，推出了“互联网UI设计师系列”教材。

本丛书提供了集基础理论、创意设计、项目实战、就业项目实训于一体的教学体系，内容既包含UI设计师必备的基础知识，也增加了许多行业新知识和新技能的介绍，旨在培养专业型、实用型、技术型人才，在提升读者专业技能的同时，增强他们的就业竞争力。

丛书特点

1．以企业需求为导向，以提升就业竞争力为核心目标

满足企业对人才的技能需求，提升读者的就业竞争力是本丛书的核心编写原则。为此，课工场互联网UI设计师教研团队对企业的平面UI设计师、移动UI设计师、网页UI设计师等人才需求进行了大量实质性的调研，将岗位实用技能融入教学内容中，从而实现教学内容与企业需求的契合。

2．科学、合理的教学体系，关注读者成长路径，培养读者实践能力

实用的教学内容结合科学的教学体系、先进的教学方法才能达到好的教学效果。本丛书为了使读者能够目的明确、条理清晰地学习，秉承了以学习者为中心的教育思想，循序渐进地培养读者的专业基础、实践技能、创意设计能力，并使其能制作和完成实际项目。

丛书改变了传统教材以理论为重的讲授写法，从实例出发，以实践为主线，突出实战经验和技巧传授，以大量操作案例覆盖技能点讲解，于读者而言，容易理解，便于掌握，能有效提升实用技能。

3．教学内容新颖、实用，创意设计与项目实操并行

本丛书既讲解了互联网UI设计师所必备的专业知识和技能（如Photoshop、

Illustrator、After Effects、Cinema 4D、Axure、PxCook 等工具的应用，网站配色与布局、移动端 UI 设计规范等），也介绍了行业的前沿知识与理念（如网络营销基本常识、符合 SEO 标准的网站设计、登录页设计优化、电商网站设计、店铺装修设计、用户体验与交互设计）。本丛书一方面通过基本功训练和优秀作品赏析，使读者能够具备一定的创意思维；另一方面提供了涵盖电商、金融、教育、旅游、游戏等诸多行业的商业项目，使读者在项目实操中，了解流程和规范，提升业务能力，并发挥自己的创意才能。

4．可拓展的互联网知识库和学习社区

读者可配合使用课工场 App 进行二维码扫描，观看配套视频的理论讲解和案例操作等。同时，课工场官网开辟教材专区，提供配套素材下载。此外，课工场也为读者提供了体系化的学习路径、丰富的在线学习资源以及活跃的学习交流社区，欢迎广大读者进入学习。

读者对象

- 高校学生
- 初入 UI 设计行业的新人
- 希望提升自己，紧跟时代步伐的传统美工人员

致谢

本丛书由课工场“互联网 UI 设计师”教研团队组织编写。课工场是北京大学旗下专注于互联网人才培养的高端教育品牌。作为国内互联网人才教育生态系统的构建者，课工场依托北京大学优质的教育资源，重构职业教育生态体系，以读者为本，以企业为基，为读者提供高端、实用的教学内容。在此，感谢每一位参与互联网 UI 设计师课程开发的工作人员，感谢所有关注和支持互联网 UI 设计师课程的人员。

感谢您阅读本丛书，希望本丛书能成为您踏上 UI 设计之旅的好伙伴！

“互联网 UI 设计师系列”丛书编委会

前　言

伴随移动互联网的蓬勃发展，移动 UI 设计成为各个行业、企业在互联网时代提升市场竞争力的重要手段之一。一款操作方便、易用的移动互联网产品离不开精心的界面设计。本书从移动 UI 设计出发，通过理论知识与操作案例相结合的讲解方式，向读者讲解移动 UI 图标的制作流程和设计方法，手机操作系统的界面设计规范等。读者学习完本书后，能够掌握不同风格图标的设计技巧、iOS 与 Android 两大主流操作系统的界面设计规范和设计方法；并能够按照企业需求制作完整的移动 App。

本书设计思路

全书内容共 7 章，包括移动 UI 设计基础理论，扁平化图标、拟物化图标的理论知识和绘制方法，Android 系统、iOS 系统 UI 设计规范和技巧，休闲娱乐类 App 项目案例分析等内容。

第 1 章：主要讲解移动 UI 设计的基本概念、操作系统、设计软件、设计方法等。

第 2 章：详细讲解 iOS 系统与 Android 系统中图标的设计规范和技巧，并且对比双系统中启动图标的设计异同。

第 3~4 章：介绍扁平化、拟物化图标的特点、设计原则及其设计方法。

第 5 章：讲解 Android 系统的 UI 设计规范和设计方法、技巧。

第 6 章：讲解 iOS 系统的 UI 设计规范和设计方法、技巧。

第 7 章：讲解休闲娱乐类 App 项目案例“生活帮帮帮”的设计与制作，以提升读者的综合设计能力。

各章结构

本章目标：即本章的学习目标，可以作为读者检验学习效果的标准。

本章简介：本章教学内容的背景和本章主要内容的介绍。

技术内容：以案例为导向剖析核心技能点，引导读者最终完成相应演示案例的制作。

本章总结：对本章重点内容的概括。

本章作业：检验读者对重要知识点的理解和掌握情况。

本书提供了便捷的学习体验，读者可以直接访问课工场官网教材专区下载书中所需的案例素材，也可扫描二维码观看书中配套的视频。

本书由课工场“互联网 UI 设计师”教研团队编写，参与编写的还有部分院校老师及行业专家。尽管编者在写作过程中力求准确、完善，但书中不妥或错误之处仍在所难免，殷切希望广大读者批评指正！

关于引用作品的版权声明

为了方便读者学习，促进知识传播，使读者能够接触到优秀的作品，本书选用了一些知名网站和企业的相关内容作为学习案例。这些内容包括：企业LOGO、宣传图片、手机App设计作品、网站设计作品等。为了尊重这些内容所有者的权利，特此声明，凡本书中涉及的版权、著作权、商标权等权益，均属于原作品版权人、著作权人、商标权人。

为了维护原作品相关权益人的权益，现对本书选用的主要作品和出处给予说明（排名不分先后）。

序号	选用的作品	版权归属
1	Adobe公司软件界面	Adobe公司
2	iOS系统LOGO、手机App图标	苹果公司
3	Android系统LOGO、手机App图标	Google公司
4	Google网部分图片	Google公司
5	360安全卫士界面	奇虎360科技有限公司
6	刀塔传奇	上海莉莉丝科技股份有限公司、 北京中清龙图网络技术有限公司

以上列表中并未全部列出本书所选用的作品。在此，我们衷心感谢所有原作品的相关版权权益人及所属公司对职业教育的大力支持！

智慧教材使用方法

扫一扫查看视频介绍

由课工场“大数据、云计算、全栈开发、互联网 UI 设计、互联网营销”等教研团队编写的系列教材，配合课工场 App 及在线平台的技术内容更新快、教学内容丰富、教学服务反馈及时等特点，结合二维码、在线社区、教材平台等多种信息化资源获取方式，形成独特的“互联网+”形态——智慧教材。

智慧教材为读者提供专业的学习路径规划和引导，读者还可体验在线视频学习指导，按如下步骤操作可以获取案例代码、作业素材及答案、项目源码、技术文档等教材配套资源。

1．下载并安装课工场 App。

（1）方式一：访问网址 www.ekgc.cn/app，根据手机系统选择对应课工场 App 安装，如图 1 所示。

图1　课工场App

（2）方式二：在手机应用商店中搜索“课工场”，下载并安装对应 App，如图 2 和图 3 所示。

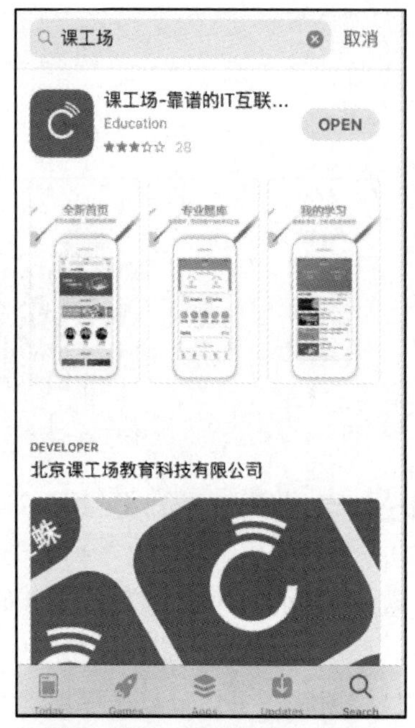

图2　iPhone版手机应用下载

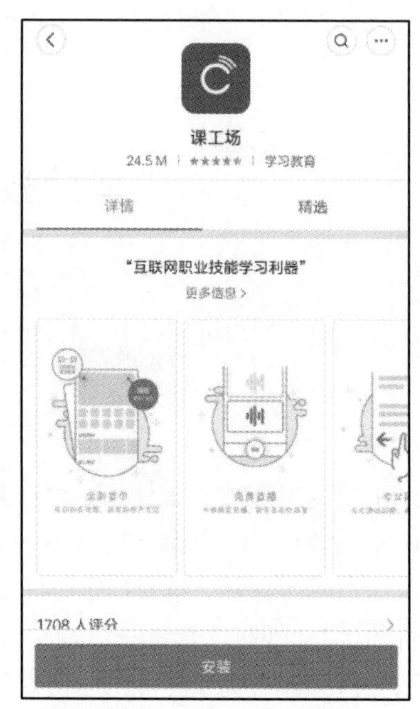

图3　Android版手机应用下载

2．登录课工场 App，注册个人账号，使用课工场 App 扫描书中二维码，获取教材配套资源，依照图 4～图 6 所示的步骤操作即可。

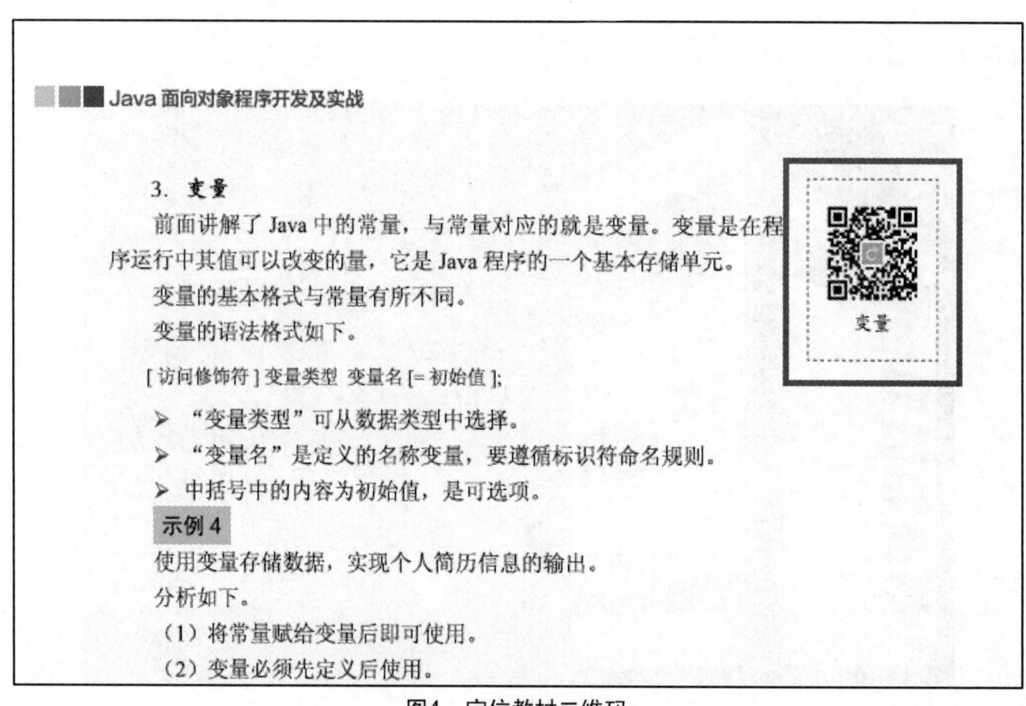
Java 面向对象程序开发及实战

3. 变量

前面讲解了 Java 中的常量，与常量对应的就是变量。变量是在程序运行中其值可以改变的量，它是 Java 程序的一个基本存储单元。

变量的基本格式与常量有所不同。

变量的语法格式如下。

[访问修饰符] 变量类型 变量名 [= 初始值];

➢ “变量类型”可从数据类型中选择。
➢ “变量名”是定义的名称变量，要遵循标识符命名规则。
➢ 中括号中的内容为初始值，是可选项。

示例 4

使用变量存储数据，实现个人简历信息的输出。

分析如下。

（1）将常量赋给变量后即可使用。

（2）变量必须先定义后使用。

图4　定位教材二维码

图5　使用课工场App“扫一扫”扫描二维码

图6　使用课工场App免费观看教材配套视频

3．获取专属的定制化扩展资源。

（1）普通读者请访问 http://www.ekgc.cn/bbs 的“教材专区”版块，获取教材所需开发工具、教材中示例素材及代码、上机练习素材及源码、作业素材及参考答案、项目素材及参考答案等资源（注：图 7 所示网站会根据需求有所改版，仅供参考）。

图7　从社区获取教材资源

（2）高校老师请添加高校服务 QQ：1934786863（如图 8 所示），获取教材所需开发工具、教材中示例素材及代码、上机练习素材及源码、作业素材及参考答案、项目素材及参考答案、教材配套及扩展 PPT、PPT 配套素材及代码、教材配套线上视频等资源。

图8　高校服务QQ

目　录

第 1 章

初识移动 UI 设计

本章目标

- ❖ 了解企业 App 开发的基本流程
- ❖ 了解移动 UI 设计的三大操作系统
- ❖ 了解移动 UI 设计的常用软件
- ❖ 了解移动 UI 设计中常用的图片存储格式
- ❖ 掌握与设计尺寸相关的术语、概念以及标准
- ❖ 能熟练使用 Photoshop 设计移动端图标

本章简介

随着 4G 移动通信技术的广泛普及，人们可以随时随地使用移动设备，移动 App 产品的发展空前活跃。作为一名 UI 设计师，如何设计出一个交互体验舒适、视觉感觉新颖的 App 呢？下面我们就从移动 UI 设计的基本概念、设计规范等方面开始学习移动 UI 设计的相关知识。

1.1 移动 App 产品开发的基本流程

参考视频：移动App图标入门

区别于一般的实体产品，移动 App（即 Application，指的是智能手机上的第三方应用程序）作为互联网产品中的一员，是一种速度快、互动性强、具有随时性和随身性的产品。下面就来了解一下如何开发 App 产品。

说明

所谓产品，是指厂家提供给市场，用来满足用户需求，被使用和消费的任何东西，如眼镜、手表、相机等。看得见、摸得着的实物，通常称之为有形产品，而电子优惠券、网络广告、策划案、快递等，则称之为无形产品。在移动应用市场中，诸如美颜相机、腾讯 QQ、手机游戏等，都是无形的互联网产品。

通常情况下，App 的研发是由市场部、产品部、设计部、程序部、测试部共同协作完成的，如图 1-1 所示。

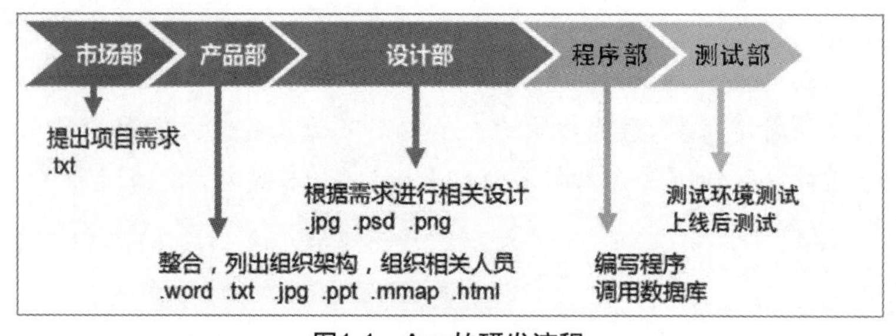

图1-1 App的研发流程

首先，市场部对市场进行调研分析，提出整体的项目需求。

产品部在了解了项目需求后，对 App 产品进行定义，比如产品需要解决的问题是什么，主要的功能特点是什么，解决方案是怎样的……这些问题，都需要产品部在定义产品的前期阶段整理成相关的开发文档。此外，产品部还需要评估产品、设计产品的原型、制订详细的产品开发计划。在整个产品的研发阶段，产品部需要管理项目的研发进度，协调各部门的人员与工作，从而保证产品能够按照既定的项目周期与项目目标顺利开发。

经验分享

一般情况下，产品原型图是由产品部的产品经理与交互设计师共同设计的，有时候该设计工作也会根据项目组人员架构的不同被重新分配。例如：项目组没有交互设计师，则会邀请设计部的视觉设计师来协助完成产品原型图的设计。

此外，在产品的整个研发过程中，每个阶段都有相应的里程碑，以及各阶段发布的标准。为了让产品能够更快地上线，响应市场的需求，企业可以先研发优先级较高的功能并发布，在迭代新版本的时候，再补充一些优先级较低的功能。

经过前期的调研与分析，设计部根据产品部提供的产品原型图，进入视觉设计阶段。在视觉设计的整个流程中，移动 UI 设计师在遵循 App 产品页面逻辑的基础上，充分发挥自身的创意与审美，对 App 产品的色彩、配图、构图等进行思考与创作。综上所述，视觉设计师的工作内容一般涵盖以下几个方面：产品原型图的设计、用户界面的设计、产品图标的设计、切图及标注等，如图 1-2 所示。

图1-2　设计师的工作内容

经验分享

视觉设计师在开展设计工作之前，需要对市场上已有的竞品或非竞品 App 进行搜集整理，分析它们的设计风格、颜色、配图、控件等，这是视觉设计工作中获取创作灵感非常重要的途径。

此外，视觉设计师应该对 App 产品的目标用户有深入的了解，如目标用户人群的年龄、性别、行业、喜好、特征等。如果 App 产品是针对儿童而开发，那么根据儿童天真烂漫、活泼好动的个性，App 产品在视觉设计上应体现出色彩鲜明活泼、图案圆润可爱等特征。

程序部往往由后台人员、前端人员、iOS 开发人员、Android 开发人员、架构师等程序员组成。程序部根据设计部交付的设计稿，通过代码加以还原，实现 App 产品的各项功能，并配合测试部，模拟实现环境，对 App 产品进行上线前的测试，检查产品中是否存在 bug，以及是否按照既定的产品目标进行开发设计，并及时反馈至相关部门和人员进行修改。

所有参与 App 产品研发的人员及其对应的工作职责，如图 1-3 所示。在实际工作中，工作人员的岗位职责会根据实际情况有所调整。

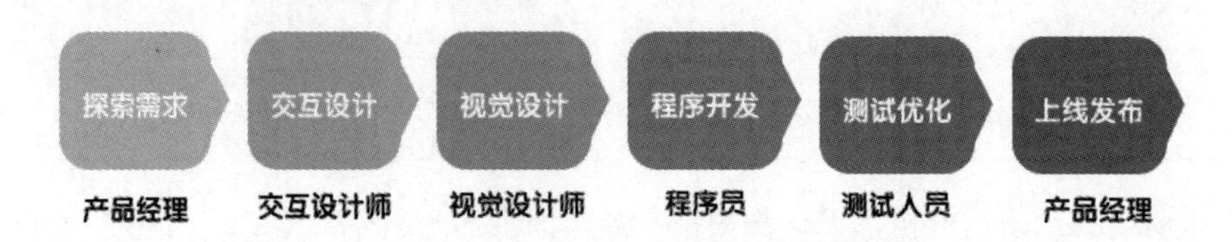

图1-3　App研发人员及岗位职责

在实际工作中，经常会遇到一些专业术语，它们都是什么意思呢？

PM：Product Manager，即产品经理。产品经理作为产品的负责人，是驱动并影响设计、技术、测试、运营、市场等相关部门，推进并确保产品按照既定目标进行研发的管理者。

UI 设计师：User Interface，即用户界面设计师，是对应用软件的操作逻辑、人机交互、界面等进行整体设计的人。UI 设计不仅仅让软件变得有个性、有品位，还让软件的操作变得舒适、简单、自由，充分体现软件的定位和特点。

ID：Interaction Design，交互设计，也叫互动设计，它考虑的是人、环境与设备的关系和行为，以及传达这种行为的元素设计。简而言之，对产品进行交互设计，就是为了让产品更易用、更有效，让用户使用产品时感到更舒适。

UE 设计师：User Experience，即用户体验设计师，是全面分析和关注用户在执行某个流程、使用某个功能时的感受，并对流程和功能进行设计优化的人。

GUI：Graphical User Interface，图形用户界面。GUI 设计是指采用图形显示的方式，对计算机的用户操作界面进行设计，也就是对界面的美化工作。相对于早期使用命令行的计算机用户操作界面而言，图形界面更易于被用户接受。

1.2 移动 UI 设计的三大操作系统

最新的全球移动操作系统市场份额报告显示，目前应用在移动端的操作系统主要有 Android、iOS 和 Windows Phone，如图 1-4 所示。它们被公认为是最热门的三大手机操作系统，在交互设计及视觉设计上各具特色，下面就对这三大操作系统一一介绍。

Android系统　　iOS系统　　Windows Phone系统

图1-4　三大手机操作系统

说明

除了 Android、iOS、Windows Phone 以外，目前智能手机上应用的还有 Symbian（塞班）、Black Berry（黑莓）、Bada（仅适用于三星）等操作系统。Symbian 系统自 2013 年诺基亚宣布不再发布该系统的手机后，逐渐没落。Windows Mobile 自继任者 Windows Phone 操作系统出现后，也逐渐退出智能手机市场。

1.2.1　Android 系统

Android 一词的本义是“机器人”，中文名称为“安卓”或“安致”，是一个基于 Linux 平台的手机操作系统。Android 最初由一家小公司开发，于 2005 年 8 月被谷歌收购，其市场份额于 2011 年第一季度首次超过塞班系统，成为全球第一大手机终端操作系统。

Android 的显著特点在于，它是一个开放源代码的操作系统，其平台为第三方应用提供了宽泛而自由的环境，不受各种条条框框的限制，厂商、开发者、用户都可以对界面进行美化。图 1-5 所示为 Android 操作系统界面。

图1-5　Android操作系统界面

1.2.2 iOS 系统

iOS 系统是由苹果公司开发并应用于 iPhone 手机、iPod touch 以及 iPad 等手持设备的移动操作系统。自 2007 年 6 月发布以来，从最初的拟物化设计到如今的扁平化设计，iOS 系统的界面设计，一直堪称设计界的楷模。图 1-6 所示为 iOS 操作系统界面。

iOS 系统的流畅性及安全性，是其他移动操作系统所无法比拟的。其专门设计的低层级硬件和固件功能、定期的系统更新，可以对恶意软件及病毒进行全面清理破坏，既保证了操作系统的流畅性，又为用户提供了内置的安全性。

然而，iOS 系统是基于 UNIX 系统开发的闭源移动操作系统，标准化设计过于规范，使其在拓展性上要比开源的 Android 系统逊色不少。

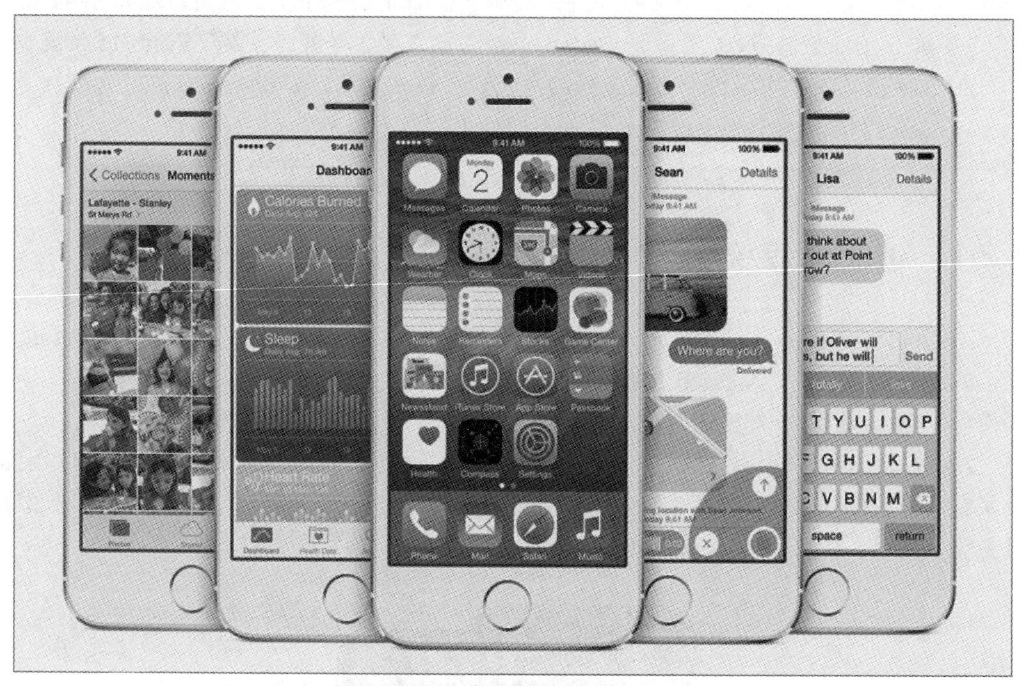

图1-6　iOS操作系统界面

1.2.3 Windows Phone 系统

Windows Phone 系统是微软于 2010 年 10 月发布的一款移动操作系统。作为一款年轻的操作系统，相较其他操作系统而言，Windows Phone 加入了桌面定制、图标拖曳、滑动控制等一系列前卫的交互方式以及全新的应用功能。

Windows Phone 系统的主屏幕通过提供类似仪表盘的体验来显示新的电子邮件、短信、未接来电、日历提醒等，让用户对重要信息时刻了如指掌。此外，Windows Phone 还包括一个增强的触摸屏界面，更方便用手指操作。

与 iOS 系统、Android 系统不同，Windows Phone 系统的桌面图标更加突显信息的展示，桌面上的大方块图标是其招牌设计，可以动态地显示软件的更新信息，例如通讯录可以滚动显示联系人的头像，如果开启 FoxNews 特性，还可以推送最新新闻，这种设计让用户在第一时间就能了解应用的动态。图 1-7 所示为 Windows Phone 操作系统界面。

史蒂夫·鲍尔默（微软公司前首席执行官兼总裁）表示：“全新的 Windows 手机把网络、个人计算机和手机的优势集于一身，让人们可以随时随地享受到想要的体验”。Windows Phone 由于初入智能手机市场，所以在市场份额上暂时无法和安卓、iOS 相比。但是，Windows Phone 操作系统新奇的功能和全新的操作方式，以及与 PC 端 Windows 操作系统的互通性，更易于用户学习，从而使其成为备受关注的移动操作系统。

Windows Phone 系统界面也有其局限性，譬如对文件夹的管理支持不够完美、主界面图标占用空间过大等。

图1-7　Windows Phone操作系统界面

1.3 移动 UI 设计常用的软件

对于 UI 的设计和图标的绘制，Adobe 公司推出的 Photoshop 和 Illustrator，一直是大多数 UI 设计师的首选。此外，在 Mac 系统下，Sketch 作为一款专门为 UI 设计量身打造的矢量图形软件，近年来也备受 UI 设计师青睐，其比 Photoshop 更加高效和方便，但目前 Sketch 只有 Mac 版。在 UI 交互设计和原型设计方面，以 Axure RP 较为常用。图 1-8 所示为移动 UI 设计常用的软件。

Photoshop

Illustrator

Axure

图1-8　移动UI设计常用的软件

1.3.1 Photoshop

Photoshop 是 Adobe 公司推出的图像编辑、网页制作、图像合成及特效制作软件。它横跨平面设计、网页设计、移动端设计等多个领域，是一款体系庞杂、功能强大的设计软件。图 1-9 所示为 Photoshop 操作界面。

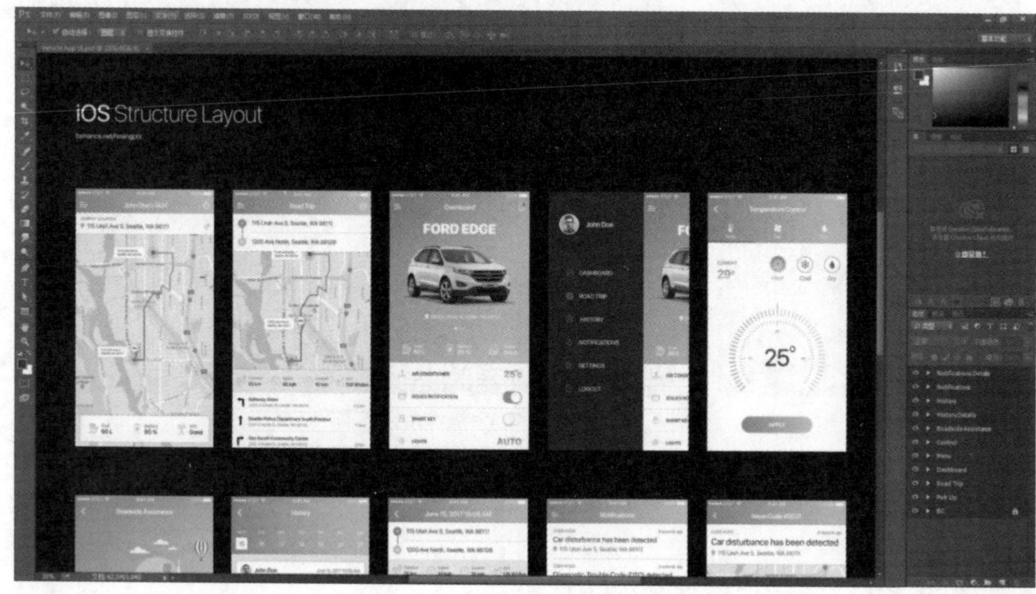

图1-9　Photoshop操作界面

1.3.2 Illustrator

Illustrator 是 Adobe 公司推出的专业矢量绘图工具，是出版、多媒体和在线图像的工业标准。作为一款非常好的图片处理工具，Illustrator 广泛应用于印刷出版、海报图书排版、专业插画、多媒体图像处理和互联网页面制作等领域，也为线稿提供较高的精度控制，能胜任各种复杂项目的设计。图 1-10 所示为 Illustrator 操作界面。

图1-10　Illustrator操作界面

1.3.3　Axure RP

Axure RP 是由 Axure Software Solution 公司推出的一款专业的快速原型设计工具，能够高效搭建产品的线框图、流程图以及原型图，同时支持多人协作设计和版本控制管理。图 1-11 所示为 Axure RP 操作界面。

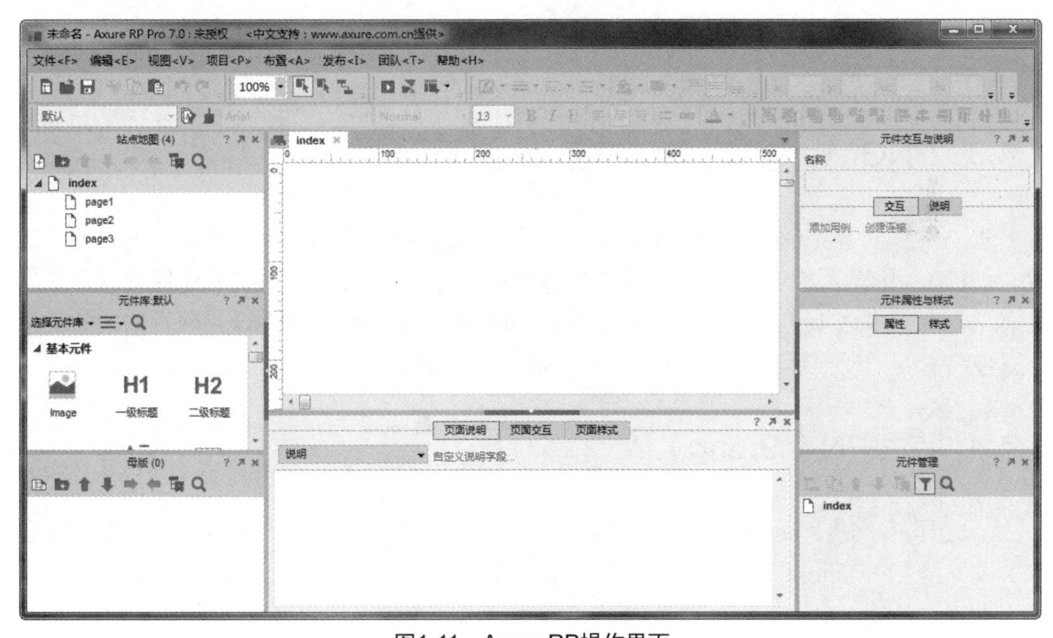

图1-11　Axure RP操作界面

1.4 移动 UI 设计中常用的图片存储格式

图片的文件格式有多种，不同的文件格式所呈现出的视觉效果也是不同的。在移动 UI 设计中，常用的图片存储格式包括以下 4 种。

1.4.1 JPEG（.jpg）

JPEG 是一种位图文件格式，支持上百万种颜色，压缩比相当高，且图像质量受损不太大，适合于照片输出。因其文件尺寸较小，下载速度较快，目前各类浏览器均支持 JPEG 图像格式，是网络上最受欢迎的图像格式之一。JPEG 不支持透明背景，不支持分层图像。通常分辨率 300 像素/英寸的 JPEG 图像可以印刷使用，但是经过压缩后（分辨率 72 像素/英寸）的 JPEG 图像一般不适合打印，在备份重要文件时最好不要使用 JPEG 格式。

1.4.2 GIF（.gif）

GIF 是一种基于 LZW 算法的连续色调的无损压缩格式，其压缩率一般在 50%左右。因其存储容量小、成像相对清晰而大受欢迎，得到众多软件的支持。GIF 支持背景透明显示，可以将单帧的图像组合起来轮流播放形成动画；支持图形渐进，可以让浏览者更快地知道图像的概貌；支持无损压缩。GIF 格式的缺点是只有 256 种颜色，对于高质量的图像来说是远远不够的。

1.4.3 PNG（.png）

PNG 是一种新型的 Web 图像格式，结合了 GIF 的良好压缩功能和 JPEG 的无限调色板功能。PNG 用来存储灰度图像时，灰度图像的深度可多达 16 位；存储彩色图像时，彩色图像的深度可多达 48 位，并且可以存储多达 16 位的 α 通道数据。PNG 是网页中的常用格式，支持背景透明显示，但相比其他两种格式其存储容量稍大。

1.4.4 点九 PN（.9.png）

点九即.9，是 Android 平台应用软件开发中的一种特殊图片格式，其文件扩展名为：.9.png。在 Android 平台下使用点九技术，可以将图片横向和纵向同时拉伸，以实现在多分辨率下的完美显示效果。图 1-12 所示为 4 种不同图片格式的显示效果。

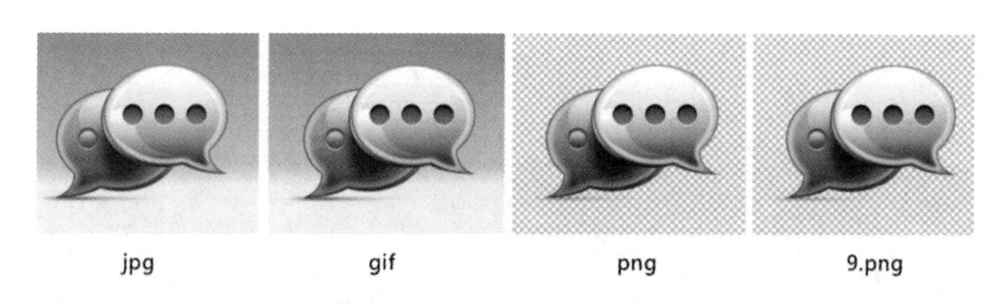

图1-12　4种不同图片格式的显示效果

1.5 与设计尺寸相关的术语

随着移动设备的不断更新，支持的屏幕分辨率也越来越多。尤其是 Android 系统的移动设备，使用的分辨率就有 480px×800px、480px×854px、540px×960px、720px×1280px、1080px×1920px 等。

近年来，iPhone 系统使用的分辨率也越来越多，常见的有 640px×960px、640px×1136px、750px×1334px、1242px×2208px 等。虽然 Android 系统和 iOS 系统下的屏幕尺寸众多且各不相同，但还是有规律可循的。实际上，随着适配方法的不断优化，大部分的 App 和移动端网页，在各种尺寸的屏幕上都能正常显示。

1.5.1 屏幕尺寸

屏幕的物理尺寸以屏幕的对角线长度作为依据，并且以英寸为单位。目前主流的手机屏幕尺寸主要有 3.5、4.0、4.7、5.0 英寸，更大的有 6.0、7.0 英寸等，而平板电脑常用的屏幕尺寸主要有 7.0、8.0、9.7、10.1 英寸等。

说明

英寸：英制标准长度单位。

1 英寸≈2.54 厘米。

寸是我国特有的长度单位。

3 寸≈10 厘米，1 寸≈3.33 厘米。

1.5.2 分辨率

与图像分辨率类似，屏幕分辨率是指手机屏幕所能容纳的像素数量，屏幕内容纳的像素数量越多，画面就越精细，分辨率就越高，如图 1-13 所示。

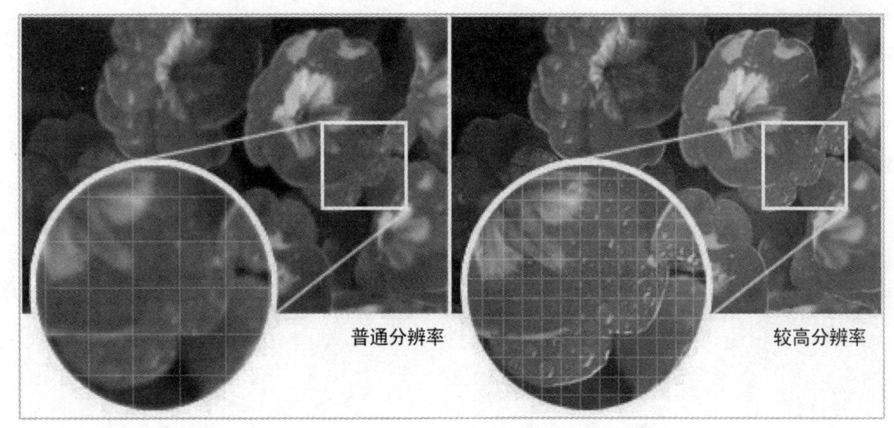

图1-13　图像分辨率

1.5.3　屏幕像素密度

屏幕像素密度，即 PPI（Pixel Per Inch），是指每英寸屏幕内所拥有的像素数。屏幕像素密度越大，显示的画面细节就越丰富。为什么有些手机屏幕会清晰一些，有些会模糊一些，就是因为屏幕像素密度的不同造成的。

Android 系统手机支持多种屏幕像素密度，主要分为低密度（Ldpi）、中密度（Mdpi）、高密度（Hdpi）、特高密度（XHdpi）和超高密度（XXHdpi）。

dp 即 dip（device independent pixels，设备独立像素），是 Android 系统 UI 设计中常用的虚拟像素单位。引入 dp 这个单位是为了设计图能适配不同像素密度的屏幕。dp 与 px 之间是可以转换的，但是在不同屏幕像素密度的手机中，两者之间的转换值不是固定不变的。Android 系统不同的屏幕像素密度和尺寸如图 1-14 所示。

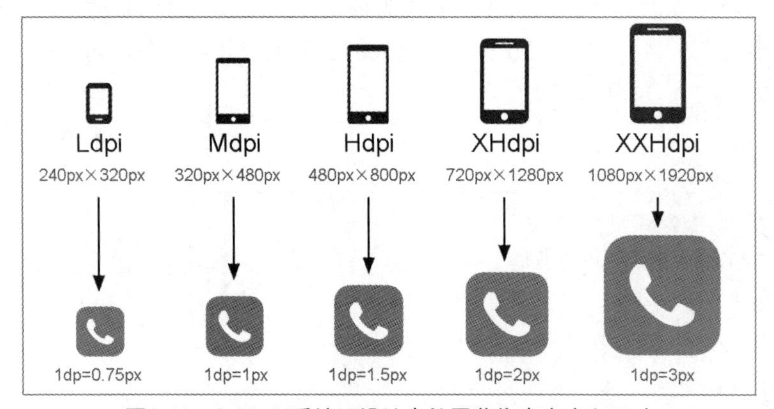

图1-14　Android系统UI设计中的屏幕像素密度和尺寸

说明

设计工作中经常会遇到如下单位和定义。

px（pixels）：像素，对应屏幕上的实际像素点。

> dpi（Dots Per Inch）：每英寸长度内所能打印的点数。
>
> Ldpi，Mdpi，Hdpi 等都不是计量单位，而是衡量屏幕清晰度的指标名称，与打印上的 dpi 不是一种概念。
>
> in（inches）：英寸，屏幕物理长度单位。
>
> mm（millimeters）：毫米，屏幕物理长度单位。
>
> 设计师在设计的时候主要考虑屏幕的分辨率，并以此作为移动 App 的设计尺寸，而屏幕的物理尺寸并不能作为设计尺寸来使用。

1.6 制作 Apple Watch App 闹钟图标

完成效果

Apple Watch App 闹钟图标的完成效果如图 1-15 所示。

图1-15　闹钟图标的完成效果

彩色效果图

案例分析

制作一款闹钟图标，设计风格要求图形简约、时尚、识别度高。拿到设计需求后，设计师该如何进行设计呢？下面就来详细介绍有关移动端图标的知识。

1.6.1　图标概述

图标，顾名思义就是图形化的标识，英文名称 icon，它源自于生活中的各种图形标识，是计算机应用图形化的重要组成部分，如图 1-16 所示。

图1-16　各类应用的启动图标

图标分为广义图标和狭义图标两种。

1. 广义图标

广义图标是有指代意义的图形符号，是标志、符号、艺术、照片的结合体，也是图形信息的结晶。广义图标的应用范围很广，软硬件产品、网页、社交场所、公共场合无处不在。交通指示牌上的指示图形、机械操作面板上的按钮、厕所门口悬挂的男女标志，如图 1-17 所示，都可以称之为图标。

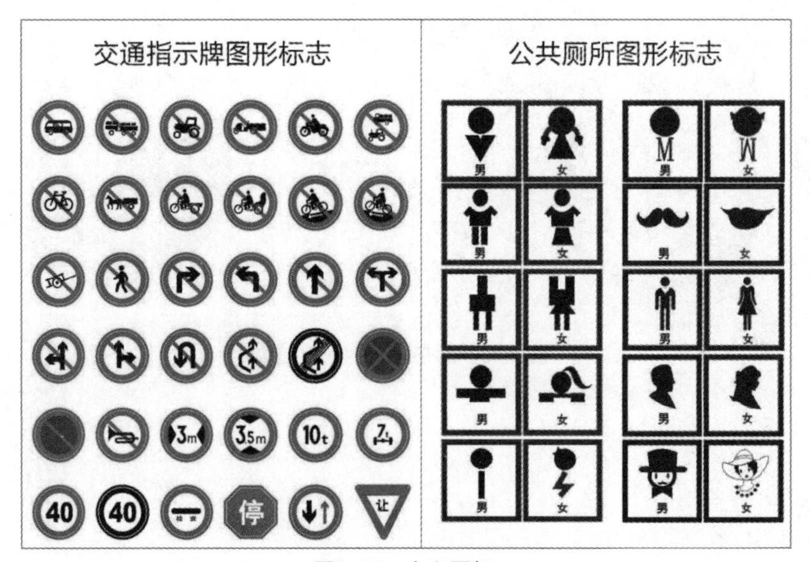

图1-17　广义图标

2. 狭义图标

狭义图标通常是指启动图标，即应用于计算机软件上的图标，包括程序标识、数据标识、命令选择、模式信号、切换开关、状态指示等，如图 1-18 所示。

图1-18　狭义图标

经验分享

不同系统对于图标的规定都不太一样，在设计不同系统的图标时要严格遵守该系统的图标设计规范和切图规范。例如，应用于 iOS 系统的启动图标，UI 设计师在切图时，无需为切图制作圆角效果，因为 iOS 系统中启动图标的圆角是在项目上线时，由系统生成的。

通常来说，为满足不同设备的适配要求和不同的显示位置，图标都有一套标准的大小和属性格式。每个图标都含有多张显示内容相同的图片，每一张图片具有不同的尺寸，如图 1-19 所示。一个图标就是一套相似的图片集，每一张图片有不同的规格。

图1-19　启动图标的切图尺寸

1.6.2　图标的分类

图标按照属性、表现形式、设计风格可以分为 3 类。

1．按照图标属性分类

（1）启动图标：又称为应用图标。启动图标好比应用的脸面，用户往往会根据启动图标的美观度及辨识度来评判应用的品质、作用以及可靠性。一个好的应用图标应该在不同的背景以及不同的规格下都具有清晰的可识别性和同样的美观度。

为了丰富图标的质感而添加的细节，在小尺寸下显示时可能会变得不清晰。同样，如果图标中出现文字，则需要保证图标在小尺寸下显示文字依然清晰，如图 1-20 所示。

图1-20　带文字的图标

（2）功能图标：用来代表各种常见的任务与操作，常在标签栏（Tab Bar）、工具栏（Toolbar）与导航栏（Navigation Bar）中出现。功能图标应尽量使用常见的、有一定辨识度的图标，以帮助、引导用户快速完成任务与操作，如图 1-21 所示。

图1-21　Android系统百度糯米App中的图标

对于用图标难以表意的任务与操作，也可以用文字来代替图标。就像 iOS 系统的原生日历 App 里，工具栏上就使用“今天”“日历”和“收件箱”来代替图标进行表意，如图 1-22 所示。

图1-22 iOS系统原生日历App中的图标

经验分享

在工具栏和导航栏中是用图标还是用文字，可以优先考虑一屏中最多会同时出现多少个图标。如果数量过多，可能会让整个应用看起来难以理解。究竟使用图标还是文字，还取决于屏幕方向是横向还是纵向，因为水平视图下通常会拥有更多的空间，可以承载更多的文字。

2. 按照表现形式分类

（1）2D 图标：又称为平面图形图标，平面图形只有水平的 x 轴与垂直的 y 轴，传统手工漫画、插画等都属于平面图形。2D 图标的立体感和光影都是由人工绘制模拟出来的，如图 1-23 所示。

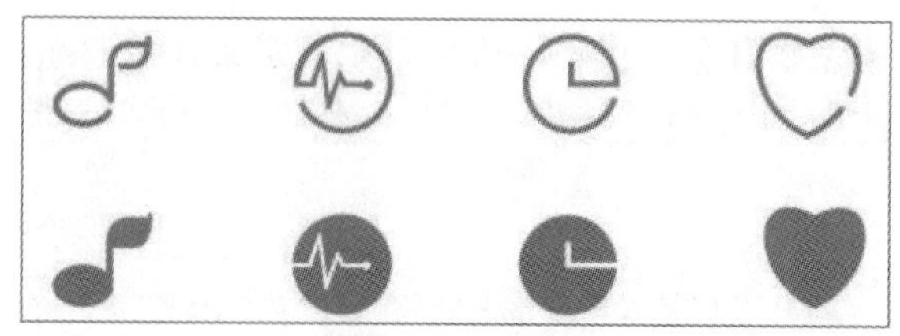

图1-23　2D图标

（2）3D 图标：又称为三维图标，三维即 x 轴、y 轴、z 轴，其中 x 轴表示左右空间，y 轴表示上下空间，z 轴表示前后空间，这样就形成了视觉上的立体感，如图 1-24 所示。

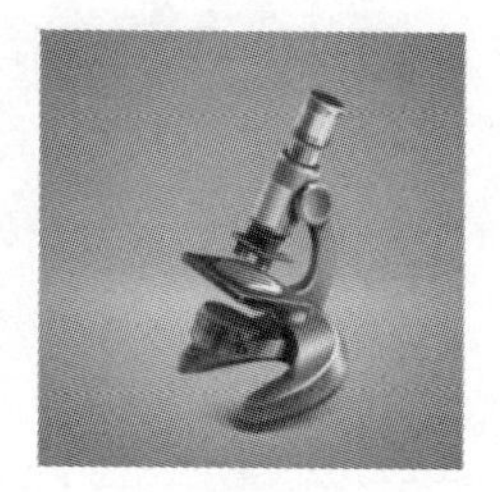

图1-24　3D图标

3．按照设计风格分类

（1）像素图标：并不是和矢量图对应的点阵式图像，而是一种图标风格的图像，强调清晰的轮廓和明快的色彩。像素图标的造型往往比较卡通化，如图 1-25 所示。

图1-25　像素图标

（2）写实图标：写实在艺术形态上属于具象艺术，是绘画的一种表现手法。写实即艺术家通过对外界物象的观察和描摹，结合自身的感受和理解，将外界的物象再现出来。写实图标又叫拟物图标，通过细腻地刻画描绘对象的形体、质感、肌理，给人一种非常逼真的视觉效果，如图 1-26 所示。

图1-26　写实图标

（3）扁平化图标：扁平化设计指的是抛弃渐变、阴影、高光等图层样式，仅通过颜色色块与线条来表现事物形态的抽象设计手法，力求打造出一种更“平”、更“图形化”的视觉效果。扁平化图标的优势在于，可以更加简单直接地将事物的形态展示出来，减少臃肿、复杂的视觉，更利于图标的多终端适配和响应式布局，如图 1-27 所示。

图1-27　扁平化图标

（4）手绘图标：继承和发展了绘画艺术的技巧与方法，带着纯天然的艺术气质，具有直接性、随意自由性、个人情感和亲和力等特点，如图 1-28 所示。

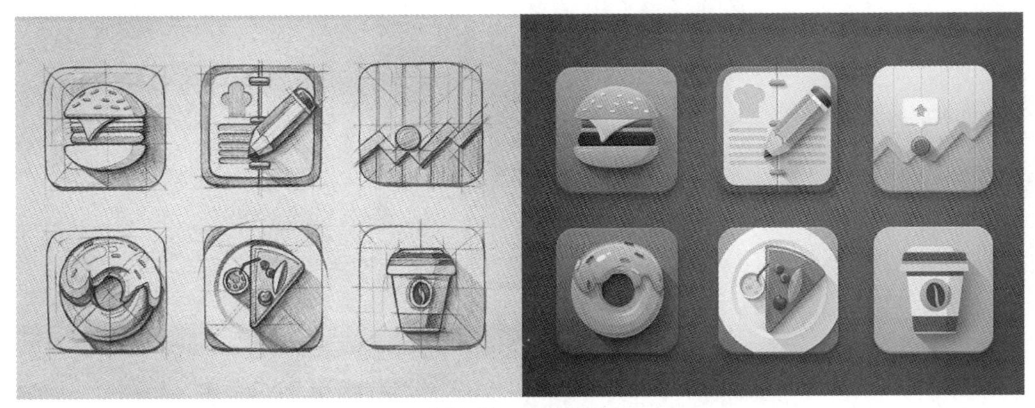

图1-28　手绘图标

1.6.3　图标的设计方法

接到一个图标的设计任务后，UI 设计师是怎样展开思路的呢？要想设计出一个既美观，又符合项目需求的图标，需要经过哪些流程呢？

（1）需求分析——准备工作。

（2）构思风格——绘制草图。

（3）设计定位——颜色定位。

（4）细节调整——反馈修改。

设计师在制作图标之前，需要考虑整个 App 的目标定位和主要用户群体，先构思好整个图标的设计风格，再开始造型设计，接着考虑图标的颜色方案，最后对图标的细节进行添加与修改，如图 1-29 所示。

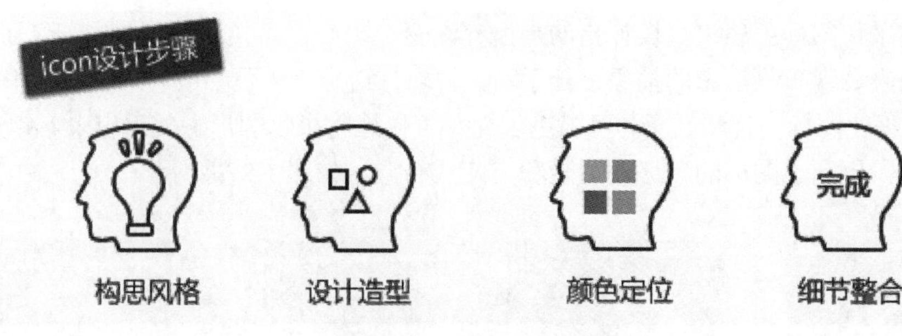

图1-29　图标设计流程

1.6.4　演示案例——制作 Apple Watch App 闹钟图标

Apple Watch App 闹钟图标的完成效果如图 1-15 所示。

实现步骤

（1）使用钢笔工具和形状工具勾勒闹钟的轮廓，完成效果如图 1-30 所示。

图1-30　勾勒轮廓

经验分享

设计师也可以将闹钟的摄影图片拖曳到 Photoshop 中，调整不透明度后，将其作为一张底图，然后再使用钢笔工具和形状工具绘制闹钟的整体轮廓。

（2）使用直接选择工具配合转换点工具来调整闹钟图形的锚点与平滑度，完成效果如图 1-31 所示。

图1-31　调整锚点

（3）通过形状之间的相减、相交操作进行细节刻画，完成效果如图 1-32 所示。

图1-32　细节刻画

（4）填充颜色并添加图标背景，完成效果如图 1-33 所示。

图1-33　闹钟图标完成效果

彩色效果图

本章总结

- Android 系统、iOS 系统、Windows Phone 系统被公认为是最热门的三大手机操作系统。
- 图标英文名称为 icon，源自于生活中的各种图形标识，是计算机应用图形化的重要组成部分。其中，启动图标的作用是作为软件标识，界面中图标的作用是作为功能标识。
- 图标按属性可以分为应用图标、功能图标；按表现形式可以分为 2D 图标、3D 图标；按设计风格可以分为像素图标、写实图标、扁平化图标和手绘图标等。
- 图标的设计流程：构思风格，设计造型，颜色定位，细节调整。

本章作业

1. 试简述 Android 系统、iOS 系统、Windows Phone 系统各自的特点与优势。
2. 试阐述屏幕尺寸、分辨率与屏幕像素密度三者的概念。
3. 试简述 UI 设计师接到图标设计任务时应该怎样开展工作。

第2章

移动UI图标设计规范

本章目标

- ❖ 了解移动UI图标的设计原则
- ❖ 掌握iOS系统图标设计规范和设计方法
- ❖ 掌握Android系统图标设计规范和设计方法
- ❖ 掌握双系统下启动图标设计的异同

本章简介

图标设计是UI设计师必须掌握的技能。作为一名UI设计初学者，应该怎样开展图标绘制工作呢？移动UI图标设计又需要遵循哪些设计原则呢？Android系统与iOS系统的图标设计有哪些异同呢？UI设计师可以通过哪些设计方法，为一款App绘制出一套既符合产品气质，又精致美观的图标呢？本章通过介绍移动UI图标的设计原则、规范以及方法，为UI设计初学者解决上述问题的提供思路。

2.1 移动 UI 图标设计原则

图标的设计，从表面上看只是图形的绘制。实际上，一套优秀的图标，不仅要在视觉效果上提升整个 App 的界面气质，更应在功能上帮助用户快速导航，提升产品的易用性和友好性。为此，移动 UI 图标设计需要遵循可识别性、一致性、兼容性 3 个原则。

2.1.1 可识别性

好的图标设计，既能向用户准确表达相应的功能，又能让用户快速识别出其所代表的含义，帮助用户完成相应的操作流程。那么，应该怎样保证图标的可识别性（又称识别度）呢？

1. 需要保证图标形态的识别度

保证图标形态的识别度即在一些功能操作上，要使用用户习惯的图标图形。比如，使用放大镜代表搜索功能，使用齿轮代表设置功能，使用相机代表拍摄功能等，这些图标是大多数 App 都在使用的图形符号，可以帮助用户降低学习成本，快速识别图标所代表的功能，如图 2-1 所示。

相机代表拍摄功能

气泡代表信息功能

电话代表通话功能

齿轮代表设置功能

图2-1　常用图标功能

2. 需要保证图标细节的识别度

当下，扁平化风格正主导着 UI 设计，图标上冗余的细节不仅会分散用户对内容的关注，更会降低图标本身的识别度。图标本身视觉占比并不大，若在一枚小图标上堆砌过多的细节，当图标适配到更小的设备上时，就会造成图标边缘模糊不清。所以，设计师在设计图标时，在保证图标轮廓识别度的前提下，应删减冗余的细节，如图 2-2 所示。

图2-2　图标冗余细节的删减

3. 需要保证图标色彩的识别度

图标的主要图形及表意文字，应该在色彩的明度上与图标的背景拉开差距，避免出现图形与表意文字模糊不清的现象，给用户浏览增加不必要的视觉负担。如图 2-3 所示，分别对高识别度与低识别度的图标进行去色处理，我们发现：高识别度图标背景的明度与图标本身差值较大；而低识别度图标背景的明度与图标本身差值不大，图标整体的视觉可识别度也较弱。

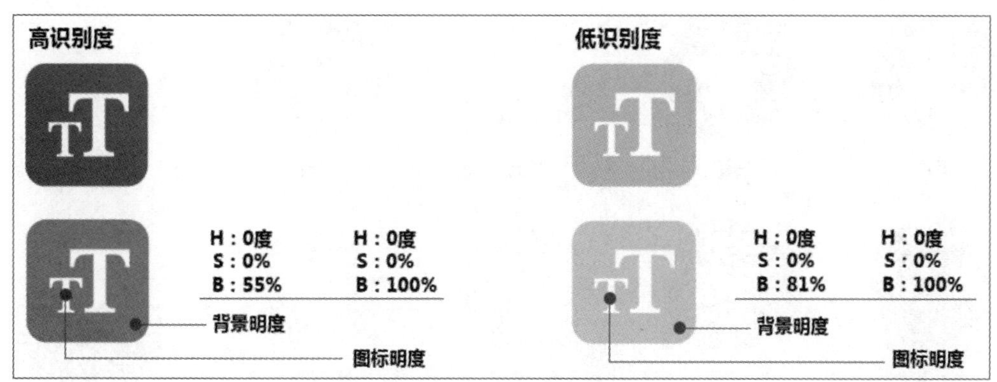

注：H 即 Hue，代表色相；S 即 Saturation，代表纯度；B 即 Brightness，代表亮度。

图2-3　高识别度与低识别度图标的对比

彩色效果图

2.1.2　一致性

移动 UI 图标的设计，除了要考虑图标的识别度，在整套图标的设计过程中，UI 设计师更要有全局观念，通盘考虑整套图标的一致性问题。那么，一套一致性好的图标，具体表现在哪些方面呢？

1. 风格的一致性

像素风格与手绘风格的图标、拟物化与扁平化的图标，通常很容易识别。而填充图标与线性图标，闭合线性图标与残缺线性图标，有高光的图标与没有高光的图标，尖角图标与圆角图标等，UI 初学者往往容易混淆，如图 2-4 所示。

图2-4　图标风格一致性差的表现

2. 色彩明度的一致性

在使用反白类型的功能图标时，为了增加图标本身的视觉占比，设计师会在图标下方增加一个圆形或圆角矩形作为图标的背景，这就需要在色彩的明度上保证视觉的统一性。如图 2-5 所示，分别对 4 个图标的背景圆进行去色处理，只有“设置”图标下方的圆的明度明显高于其他三者。所以，这个图标在视觉上没有与其他 3 个图标保持一致性。

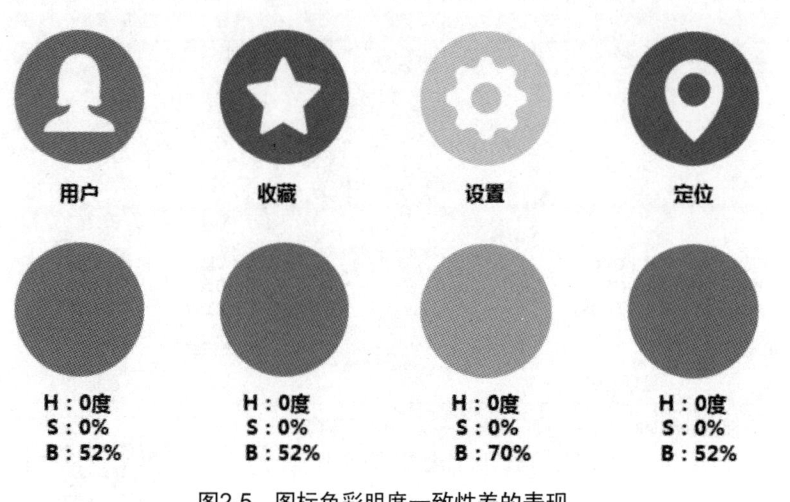

图2-5 图标色彩明度一致性差的表现

彩色效果图

经验分享

在设计 iOS 系统启动图标的时候，设计师可以在 Photoshop 中将图层样式的光源统一设成 90 度，保证图标高光与阴影位置的统一，如图 2-6 所示。

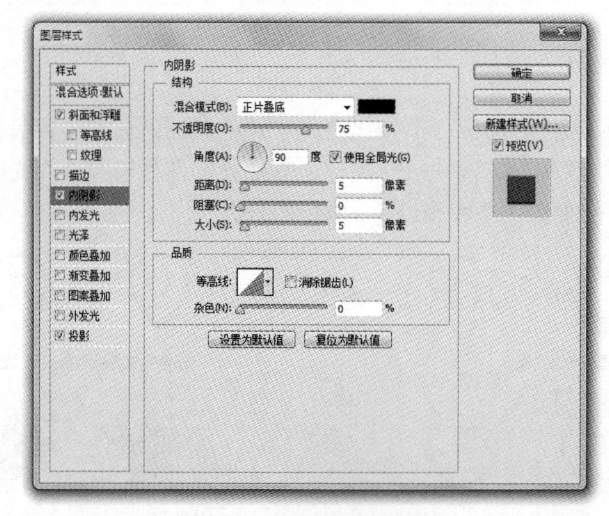

图2-6 全局光设置为90度

3. 图形的一致性

UI 设计初学者在图标的绘制过程中，最容易忽视图形的一致性。因此需要注意以下几个方面：保证图标剪影角度的统一，保证图形复杂程度的统一，保证图标视觉占比大小的统一，保证图标线条粗细的统一，如图 2-7 所示。

图2-7　图标图形一致性差的表现

2.1.3　兼容性

图标设计还需要考虑系统与硬件的双重兼容问题。在 Android 系统与 iOS 系统下，图标设计需要注意以下几个方面。

（1）Android 系统的启动图标需要切圆角，而 iOS 系统的启动图标提交的设计稿不需要切圆角。

（2）Android 系统屏幕分辨率较多，为避免适配到低屏幕像素密度手机上时功能图标出现发虚的现象，功能图标应尽量使用填充图标。而 iPhone 使用的都是 Retina 屏，功能图标可以使用线性图标。

（3）考虑到用户的操作习惯以及交互方式不同，在进行双系统的差异化设计时，图标设计也会有所差别。如图 2-8 所示，在微信的个人中心页面中，iOS 系统并没有搜索与添加功能的图标。

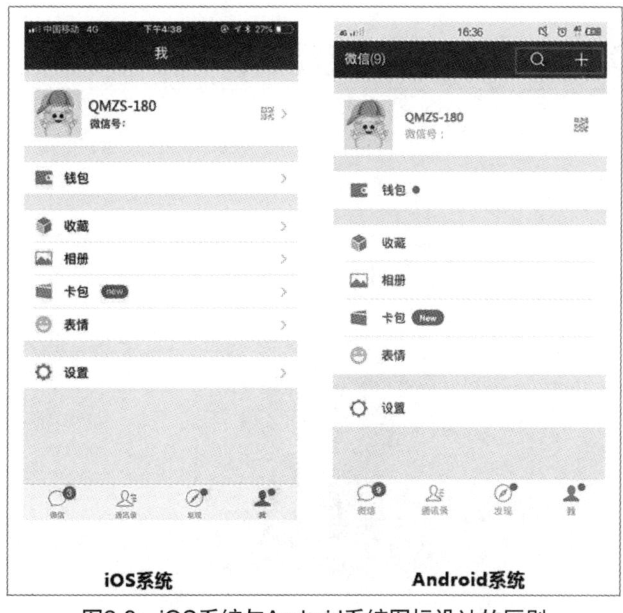

图2-8　iOS系统与Android系统图标设计的区别

图标设计除了要注意不同系统之间的兼容性，还要考虑硬件设备对视觉设计的规范与约束。如同一款 App 要同时在手机、智能手表与平板电脑上进行显示。相比手机、智能手表的屏幕更小，很多操作性的功能并不适合整合进去，如大篇幅文字的输入换为语音输入更为适合。相比手机，平板电脑的操作区域更为开阔，为避免用户来回切换页面，很多功能不必放置到更深的层级中去，可以让部分在手机上被隐藏起来的功能适配到平板电脑时，都在同一页面中展示，以方便用户的操作。但是，当这些功能同时放置在同一页面中时，需要重新考虑功能图标的重要性，设计师可通过颜色、线条的粗细等方式来区分功能层级的高低，避免页面功能过多，造成用户选择困难。

在移动 UI 图标的设计工作中，鉴于系统、硬件设备不同，设计规范与设计尺寸也不尽相同，UI 设计师应充分考虑用户的使用场景，为不同平台与设备的适配，留出足够的修改空间，如图 2-9 所示。

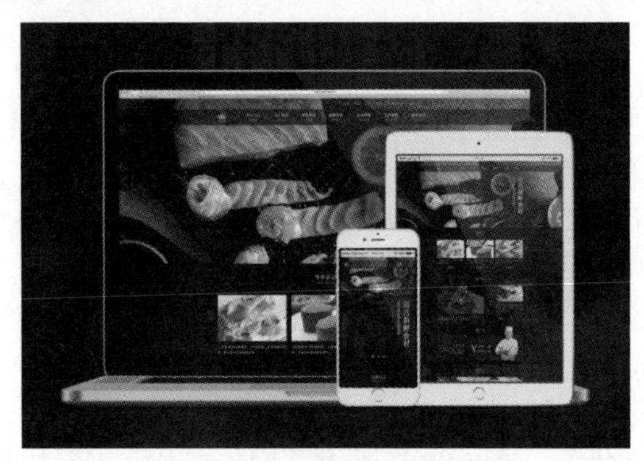

图2-9　同一款App适配不同终端

2.2 制作 iOS 系统口袋商城启动图标

完成效果

iOS 系统口袋商城启动图标设计效果图如图 2-10 所示。

图2-10　iOS系统口袋商城启动图标设计效果

彩色效果图

案例分析

制作 iOS 系统口袋商城启动图标，我们需要先了解 iOS 系统启动图标的设计规范。下面针对 iOS 系统图标的设计进行详细的讲解。

2.2.1　iOS 系统图标概述

从应用场景进行划分，iOS 系统图标可以分为启动图标（如图 2-11 所示）、标签栏图标（如图 2-12 所示）和小图标（如图 2-13 所示）。

图2-11　iOS系统启动图标

图2-12　iOS系统标签栏图标

图2-13　iOS系统小图标

启动图标，又称应用图标，是用户在 App Store 下载 App，以及从主屏幕上进入 App 时单击的图标，应用于 App 外部。

iOS 系统中的图标，如果仅从 App 应用场景的内外进行区分，分为启动图标与功能图标。App 内部的图标统一称为功能图标，将功能图标进一步进行细分，又可以分为栏上的功能图标与非栏上的功能小图标。

2.2.2　iOS 系统图标设计规范

图标设计需要遵循系统的设计规范，以获得良好的兼容性，提升用户的体验度。iOS 系统作为一个闭源的移动操作系统，在视觉设计上有着严格的、体系化的设计规范。

1. iOS 系统图标的尺寸

根据苹果公司的要求，所有递交至 App Store 的应用，必须提供分辨率为 1024px×1024px 的启动图标，这是目前最大的设计尺寸。

事实上，1024px×1024px 的图标，并没有应用于 iPhone 内的 App，这种大尺寸的图标主要用于适配全新的 Retina MacBook Pro。当然，这种大尺寸的图标，也在苹果 App Store 以及 WWDC（Worldwide Developers Conference，苹果公司举办的全球开发者大会）的宣传画中使用。

为了方便适配，除了 1024px×1024px 的设计尺寸以外，iOS 系统的启动图标还有其他多种设计尺寸，如图 2-14 所示。各种设计尺寸应用的场景如表 2-1 所示。

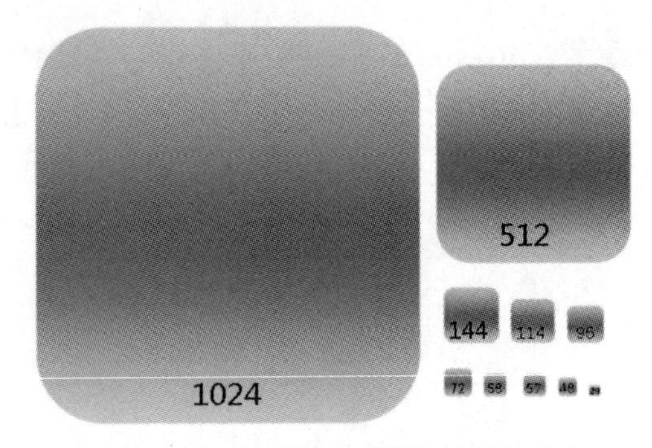

图2-14　iOS系统启动图标的设计尺寸

表 2-1　不同尺寸启动图标的应用场景

尺寸（px）	用　途
512×512	Ad Hoc 发布测试的证书 iTunes（数字媒体播放应用程序）是供 Mac 和 PC 使用的一款免费应用软件，用于管理和播放数字音乐和视频
57×57	iPhone 及 iPod touch 的 App Store 和主屏幕
120×120	高分辨率的 iPhone 4/5/6/7/8 主屏幕
144×144	主屏幕，为了兼容 iPad 3/4/5/6/Air/Air2/mini2
29×29	Spotlight 和设置 App
50×50	Spotlight，为了兼容 iPad
80×80	高分辨率的 iPhone 4/5/6/7/8 的 Spotlight 和设置 App
1024×1024	在 App Store 显示

2. iOS 系统图标的圆角

iOS 系统所有的启动图标，都采用圆角矩形来表现。但是，在实际工作中，UI 设计师绘制启动图标时，无须考虑图标的圆角半径。因为，iOS 系统启动图标的圆角是在 App 上线时，由 iOS 系统通过程序实现的。UI 设计师只要将启动图标设置为直角即可。如果启动图标的设计稿自带圆角，反而会造成图标的透明区域外露。图 2-15 所示为 iOS 系统启动图标设计稿样式。

错误　　正确

图2-15　iOS系统启动图标设计稿样式

3. iOS 系统图标的栅格系统

iOS 系统图标的栅格系统，是严格按照黄金分割比例进行设计的，如图 2-16 所示。设计师在绘制 iOS 系统图标时，为了规范图标的绘制，保证整套图标在视觉占比上达到相对的平衡，需要借助 iOS 系统图标的栅格系统。

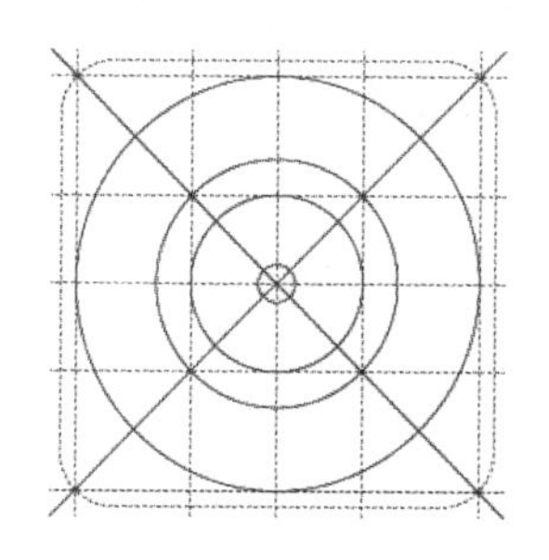
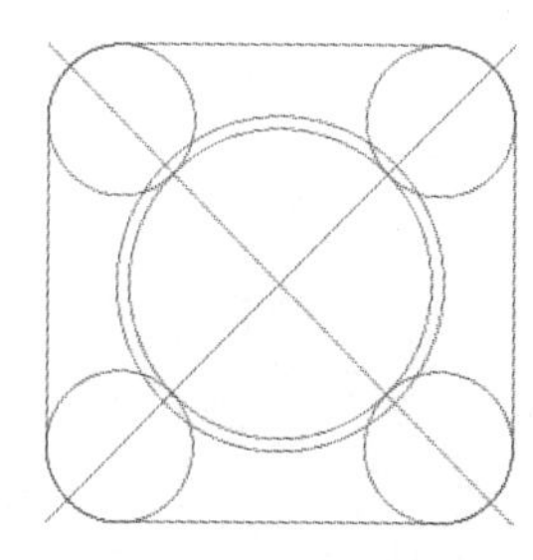

图2-16　iOS系统图标的栅格系统

运用栅格系统设计图标，除了能帮助 UI 初学者建立协调的图标大小比例，也能在位置关系上帮助 UI 设计初学者观察图标的视觉重心偏向问题，如图 2-17 所示。

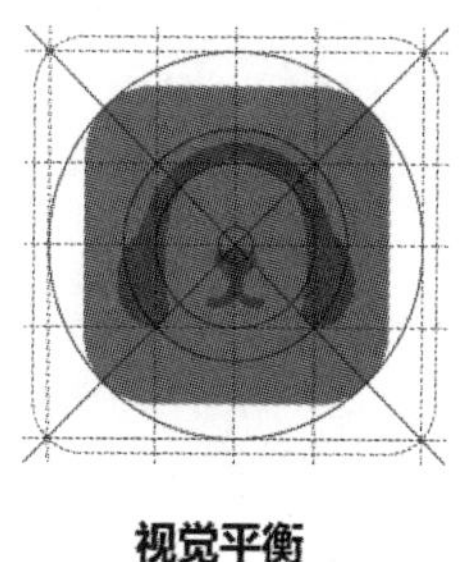

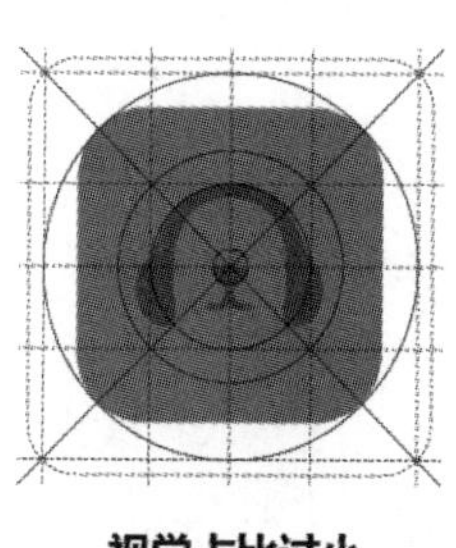
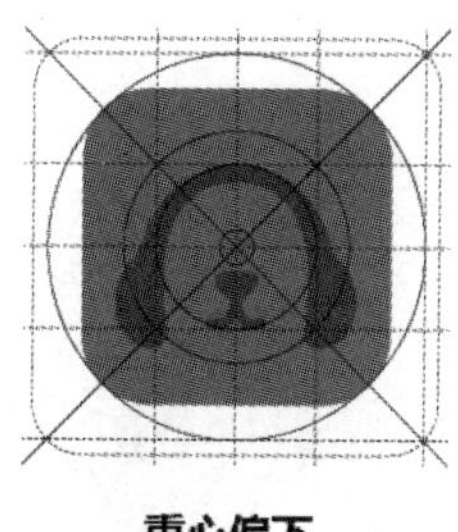
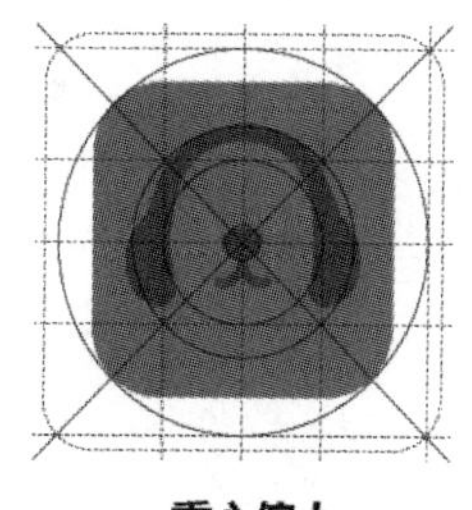

视觉平衡　　视觉占比过小　　重心偏下　　重心偏上

图2-17　栅格系统的应用

2.2.3　演示案例——制作 iOS 系统口袋商城启动图标

设计师在绘制图标时，优先从最大尺寸（即 1024px×1024px）开始，尽量使用矢量图层或矢量软件，因为启动图标除了在 App Store 进行展示之外，还会进行印刷。

本节对 iOS 系统口袋商城的启动图标设计进行详细的介绍，完成效果如图 2-10 所示。

实现步骤

（1）新建 1024px×1024px 的画布，分辨率设置为 72 像素/英寸。

（2）使用形状图层绘制手提袋的部件，并通过直接选择工具改变形状图层的形态，绘制效果如图 2-18 所示。

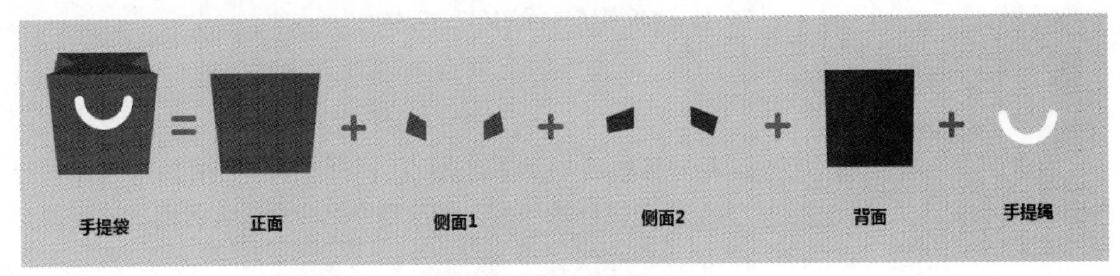

图2-18　绘制手提袋形状

（3）同理绘制手提袋内的标签，并通过自由变换命令实现倾斜效果，如图 2-19 所示。

图2-19　绘制标签

（4）复制标签并适当配色，使用圆角矩形绘制图标的背景，最终效果如图 2-20 所示。

图2-20　口袋商城启动图标最终效果

彩色效果图

2.3 制作 Android 系统电影启动图标

完成效果

Android 系统电影启动图标效果图如图 2-21 所示。

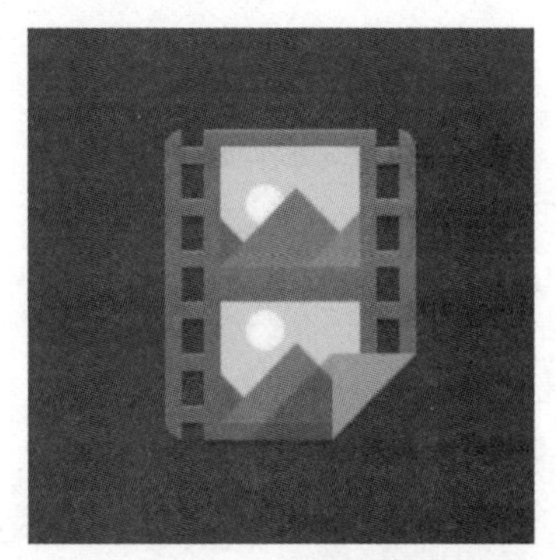

图2-21　Android系统电影启动图标

彩色效果图

案例分析

为 Android 系统制作电影 App 启动图标，设计前需要先了解 Android 系统中，启动图标的设计规范，下面围绕 Android 系统图标设计进行详细的讲解。

2.3.1　Android 系统图标概述

与 iOS 系统类似，Android 系统图标依据不同的应用场景也可以分为启动图标、栏图标、小图标，如图 2-22 所示。

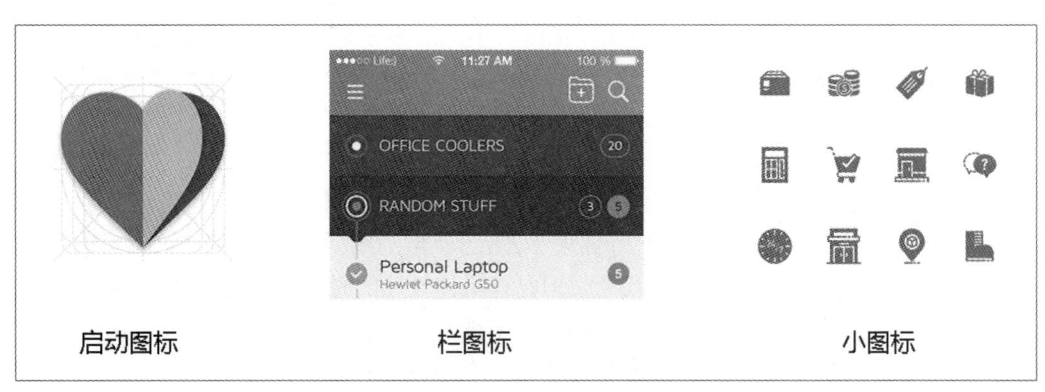

图2-22　Android系统图标

2.3.2 Android 系统图标设计规范

Android 系统虽然是比较开放的手机系统，但是 UI 设计师也要保证图标最基本的清晰度，避免图标边缘模糊不清。目前，大多数手机厂商都允许用户对主屏幕壁纸进行自定义设置。由于 Android 系统主屏幕上的启动图标，没有强制要求使用圆角矩形作为背景，很有可能被淹没在复杂的主屏幕壁纸背景上，带来用户浏览的障碍。所以，UI 设计师要保证启动图标在任何背景上都能清晰可见。图 2-23 所示为 Android 系统手机的主屏幕。

图2-23 Android系统手机主屏幕

1. Android 系统图标的尺寸

在 Google Play 商店中显示的启动图标，大小都是 512px×512px，所以设计师在设计 Android 系统启动图标时，在不用于印刷的前提下，提供分辨率为 72 像素/英寸，尺寸为 512px×512px 的启动图标即可。

但由于使用 Android 系统的手机品牌众多，设计师在设计启动图标时，除了提供最大设计尺寸（512px×512px）的设计稿以外，还需要将其适配到不同屏幕像素密度的手机上。Android 系统手机启动图标的常见尺寸如表 2-2 所示。启动图标在 Android 系统中的尺寸是 48dp×48dp，这是开发人员需要的尺寸，但是在具体设计的时候，设计师是用 px 进行计量的，所以要把 dp 转换成 px。在 Ldpi（低密度）的手机中适配时，1px=0.75dp，所以 48dp=36px；而在 Mdpi（中密度）的手机中适配时，1dp=1px，所以 48dp=48px。其他换算是同样的原理。

表 2-2　Android 系统手机启动图标常见尺寸

屏幕像素密度	启动图标设计尺寸
Ldpi	36px×36px
Mdpi	48px×48px
Hdpi	72px×72px
XHdpi	96px×96px
XXHdpi	144px×144px

操作栏图标看起来就像是一个图像按钮，是用户在 App 中执行操作的入口。Android 系统手机操作栏图标大小是 32dp×32dp，由于操作栏图标一般都是一个不规则的图形，所以设计师在设计的时候要保证焦点区域中图标所占比例大致相同或尺寸保持一致，建议设计尺寸是 24dp×24dp。图 2-24 所示为 Android 系统操作栏图标。

图2-24　Android系统操作栏图标

按照不同 Android 系统手机的屏幕像素密度进行缩放，将 dp 与 px 进行转换，得出操作栏图标的设计尺寸和焦点区域大小，如表 2-3 所示。

表 2-3　Android 系统手机操作栏图标设计尺寸和焦点区域尺寸

屏幕像素密度	操作栏图标设计尺寸	操作栏图标焦点区域尺寸
Ldpi	24px×24px	18px×18px
Mdpi	32px×32px	24px×24px
Hdpi	48px×48px	36px×36px
XHdpi	64px×64px	48px×48px
XXHdpi	96px×96px	72px×72px

Android 系统小图标一般出现在 App 的行列表中，经常会在每一行的两端使用比较小的图标来表示操作或者特定的状态。图 2-25 所示为 Android 系统的小图标。

Android 系统的小图标大小是 16dp×16dp，焦点区域尺寸是 12dp×12dp。按照不同 Android 系统手机的屏幕像素密度，对 Android 系统的小图标进行缩放，得出相应小图标的设计尺寸和焦点区域尺寸，如表 2-4 所示。

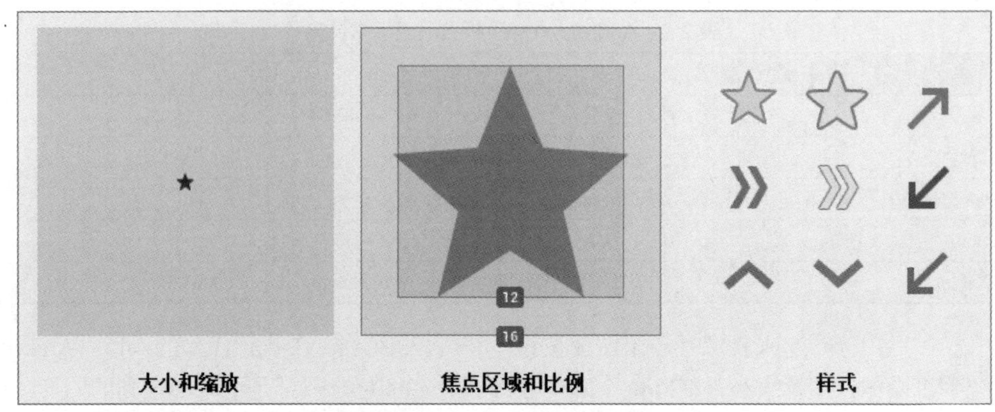

图2-25　Android系统的小图标

表 2-4　Android 系统小图标设计尺寸和焦点区域尺寸

屏幕像素密度	小图标设计尺寸	小图标焦点区域尺寸
Ldpi	12px×12px	9px×9px
Mdpi	16px×16px	12px×12px
Hdpi	24px×24px	18px×18px
XHdpi	32px×32px	24px×24px
XXHdpi	48px×48px	36px×36px

使用 Android 系统的手机品牌众多，由于部分手机的屏幕像素密度不高，所以 Android 系统的小图标一般使用比较简单的平面图形进行设计。小图标设计建议使用填充效果，而不采用线性图标。因为填充图标即便适配到尺寸更小的设备上，仍然可以保持较好的清晰度，让用户更容易理解图标的含义与目的。

2. Android 系统图标的栅格系统

Android 系统作为一个相对自由的平台，并没有严格要求启动图标必须使用圆角矩形作为背景来统一主屏幕的视觉效果。在《Material Design 设计指南》中提出的图标栅格系统，为各种 Android 图标的一致性设计，提供了可供参考的标准化模式，让图标可以在视觉效果上保持和谐。图 2-26 所示为 Android 系统图标的栅格系统，网格的灰色区域为非绘画区域，绿色区域为绘画区域。

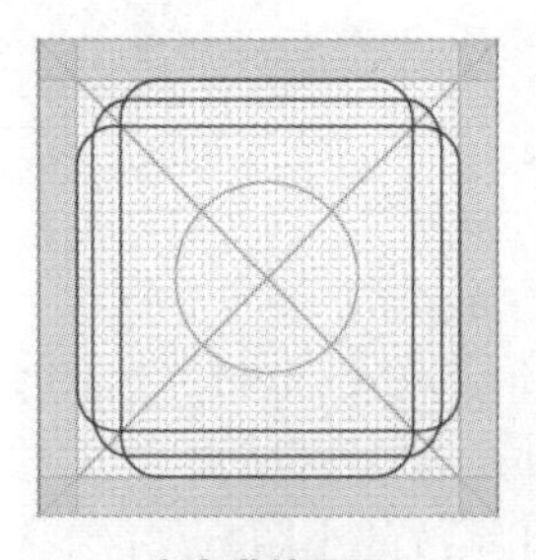

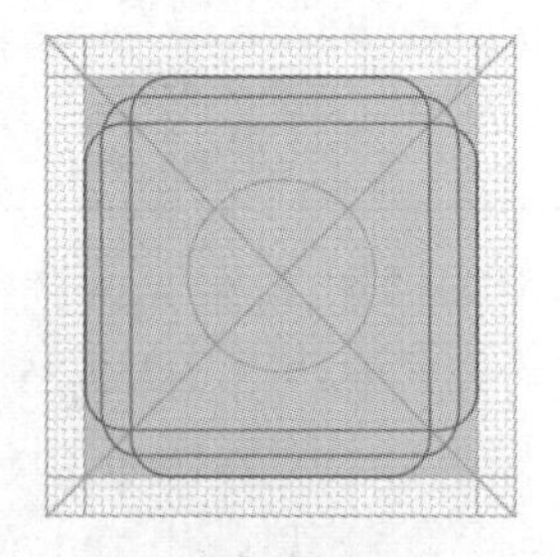

灰色非绘画区　　绿色绘画区

图2-26　Android系统图标的栅格系统

彩色效果图

设计师在绘制 Android 系统图标时，会遇到圆形、方形、横长形以及竖长形等不同外形轮廓、不同形态的图形符号，为保证一套图标在视觉占比上整体协调，需要定制不同的图标栅格系统，如图 2-27 所示。

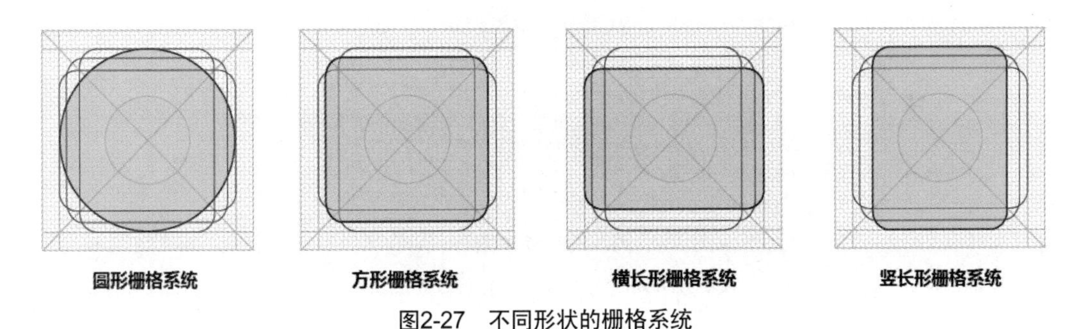

图2-27　不同形状的栅格系统

2.3.3　演示案例——制作 Android 系统电影启动图标

图标的绘制，一般都是先制作最大尺寸，然后通过等比缩小，再适配到其他设备以及应用场景。

下面详细介绍 Android 系统电影启动图标的绘制流程，最终效果如图 2-21 所示。

实现步骤

（1）新建 512px×512px 的画布，分辨率设置为 72 像素/英寸。

（2）使用形状图层拼接电影启动图标整体形状，再通过布尔运算制作右下角的切口，以及两边的矩形的镂空效果，最终效果如图 2-28 所示。

图2-28　绘制电影启动图标的整体形状

（3）使用形状工具与钢笔工具绘制高山白日形状，效果如图 2-29 所示。

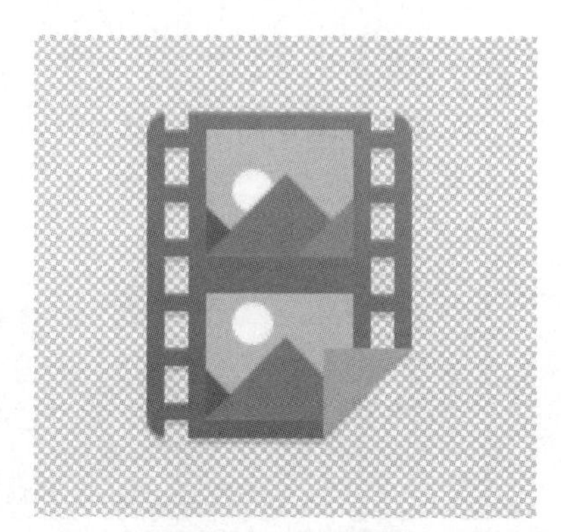

图2-29　绘制细节

（4）双击形状图层进行颜色的更改，效果如图 2-30 所示。

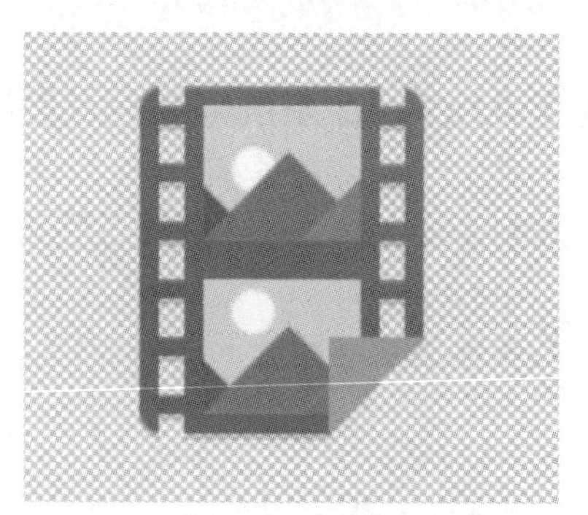

图2-30　更改启动图标颜色

彩色效果图

（5）双击图层，在图层样式面板中，为胶片添加内阴影、投影以及渐变叠加，最终效果如图 2-31 所示。

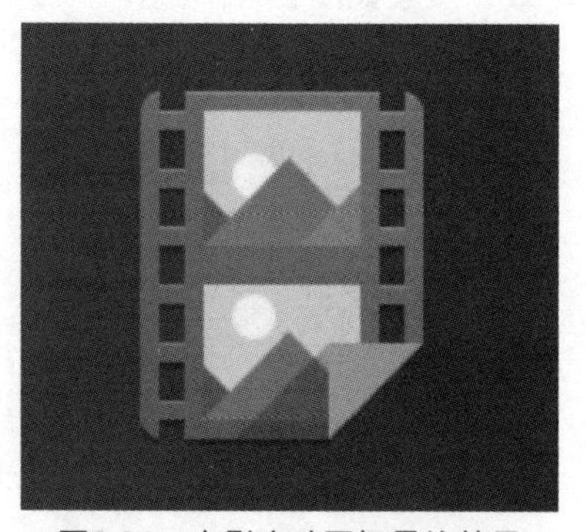

图2-31　电影启动图标最终效果

彩色效果图

经验分享

启动图标的设计流程，一般是先制作图标的整体外形轮廓，再进行细节的添加与修改，最后进行配色与图层样式的添加。

2.4 制作双系统下商场启动图标

完成效果

商场启动图标效果如图 2-32 所示。

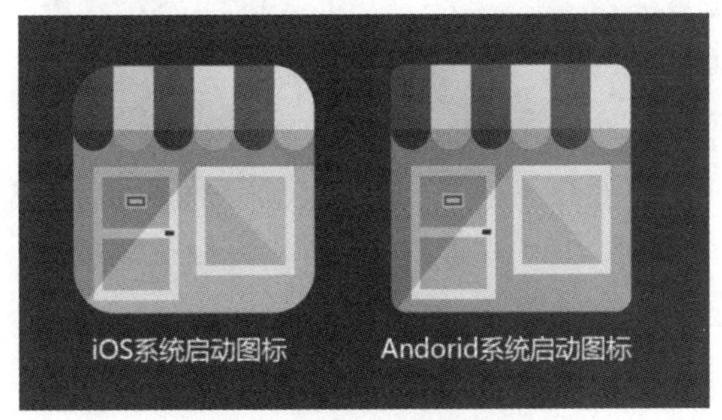

图2-32　商场启动图标效果

彩色效果图

案例分析

在实际应用中，同一款 App 往往会同时在 iOS 系统与 Android 系统上架。但是，两个系统的启动图标，在设计规范上存在一定的差异。

为了让启动图标同时符合双系统的设计规范，需要在视觉效果保持相对统一的基础上，对其做出适当的调整。下面针对双系统下的图标差异化表现进行详细的讲解。

2.4.1　双系统下的启动图标

如果项目制作周期短，设计师精力有限，双系统中的启动图标是允许样式完全一样的。而且双系统下启动图标保持一致的视觉效果，也能保证 iOS 系统用户与 Android 系统用户在不同系统下接收到等量的信息，如图 2-33 所示。

iOS系统启动图标　　Andorid系统启动图标

图2-33　双系统下的启动图标

2.4.2 双系统下启动图标的差异

如果项目周期较长，时间充裕，设计师将启动图标适配到双系统中时，会进行差异化的设计，做适当的微调，不仅能让启动图标更符合不同系统的设计要求，也更符合不同系统用户的审美需求。如图 2-34 所示，唯品会的启动图标在 iOS 系统与 Android 系统中就存在一定的差异。

图2-34　双系统下唯品会的启动图标

原生 Android 系统的启动图标圆角要明显小于 iOS 系统的启动图标圆角，所以看起来 Android 系统的启动图标要更加方正。设计师也可以遵循这个原则来进行图标的差异化设计。另外，Android 系统中带圆角的启动图标，还需要输出带有透明像素的 png 图片；而提交至 App Store 的启动图标，其圆角是由系统自行剪切的，无需制作圆角效果，只需要提交一张正方形的图片即可，如图 2-35 所示。

图2-35　唯品会启动图标设计稿

设计师设计双系统的启动图标时，要考虑两个系统存在的差异，但是不能进行天马行空地再创作，要保证用户无论使用何种系统进行操作，启动图标看起来都是一样的，不需要用户仔细思考和辨识就能看出这是同一款 App 的入口。

2.4.3　演示案例——制作双系统下商场启动图标

使用钢笔工具和矢量工具进行绘制，可以让图标在放大和缩小的情况下都能保持边缘清晰。

下面进行双系统下启动图标的差异化设计，商场启动图标设计的最终效果如图 2-32 所示。

实现步骤

1．iOS 系统启动图标设计

（1）新建一个 1024px×1024px 的画布，分辨率设置为 72 像素/英寸。使用圆角矩形工具绘制一个圆角半径为 180px，宽度与高度都为 1024px 的圆角矩形。继续使用形状图层绘制商店的屋顶以及门窗，并使用剪切蒙板工具将屋顶收纳在圆角矩形内。效果如图 2-36 所示。

图2-36　绘制整体外形轮廓

（2）双击形状图层进行颜色的更改，效果如图 2-37 所示。

图2-37　填充商场启动图标的颜色

彩色效果图

（3）使用钢笔工具绘制阴影，并调整图层的不透明度，增加适当细节。效果如图 2-38 所示。

图2-38　添加阴影，增加细节

彩色效果图

2. Android 系统启动图标设计

（1）在 iOS 系统启动图标的基础上，复制文件并重命名。

（2）将图像尺寸缩小为 512px×512px，分辨率保持不变。

（3）重新调整圆角矩形圆角半径的大小，对其余图层进行图层蒙板剪切。效果如图 2-39 所示。

图2-39　Android系统启动图标最终效果

彩色效果图

经验总结

同一款图标要保证识别度统一，因此在设计风格上要保持高度一致。

Android 系统启动图标看起来要比 iOS 系统启动图标更方正一些。

使用图层剪切蒙板控制矩形的圆角大小。

先制作 iOS 系统启动图标，再制作 Android 系统启动图标。

Android 系统图标制作更能发挥设计师的创意，但是要与 iOS 系统图标统一风格。

本章总结

- iOS 系统启动图标按照最大尺寸 1024px×1024px 来设计。设计师尽量使用矢量绘图软件或矢量绘图工具，然后按照比例缩小，再适配到其他设备。iOS 系统启动图标提交的设计稿是没有高光和阴影的直角方形图。
- Android 系统启动图标按照尺寸 512px×512px 来设计，原生的 Android 启动图标看起来要更方正。
- 如果不考虑印刷，分辨率设置为 72 像素/英寸；如果考虑印刷，分辨率设置为 300 像素/英寸。

本章作业

1．简述 UI 设计师在设计图标时，需要在哪些方面保证图标的可识别性。

2．简述在图标设计过程中，UI 设计师应该如何保证一套图标在视觉效果上是一致的。

3．试从图标设计尺寸、边角处理方式等方面，简要分析 iOS 系统与 Android 系统启动图标的区别。

第 3 章

扁平化风格图标设计

本章目标

- ❖ 了解扁平化风格的概念及设计原则
- ❖ 掌握长阴影风格图标的设计方法
- ❖ 掌握折纸风格图标的设计方法

本章简介

移动 UI 的设计风格不是一成不变的，它受到诸多因素的影响，如新设计理念的传播、用户审美取向的演变、硬件设备的升级换代等，这些都会导致移动 UI 的设计风格朝一定的方向进行更迭与变迁。

目前，移动 UI 设计主流的风格，是由苹果公司所倡导的扁平化风格。自 2013 年苹果公司发布 iOS 7 系统起，扁平化风格适应时代的发展与用户的需求，迅速占据智能手机市场，成为备受 UI 设计师与用户青睐的主流设计风格。本章将从扁平化风格的基础知识开始介绍，带领读者详细了解扁平化风格的设计方法。

3.1 制作扁平化风格相机图标

完成效果

扁平化风格相机图标完成效果如图 3-1 所示。

图3-1 扁平化风格相机图标完成效果

彩色效果图

案例分析

本案例中的相机图标，是典型的扁平化启动图标。整个图标没有任何的立体感、质感纹理、色彩渐变以及明暗变化，只是通过不同形状、不同颜色的色块的组合，将相机的正面轮廓抽象成一个极简的视觉符号。

设计师实现本案例时，应根据实际工作中的设计流程，完成图标的绘制：首先以实物相机为参照物，分析实体相机的构成。然后，在实物图形的基础上重新绘制。接着，去除图形中冗余的细节，仅保留相机的主体轮廓。另外，还需要适当调整图形组件的大小比例与形状外观，对图形进行抽象化处理。最后，根据产品定位，对相机图标进行配色。

3.1.1 扁平化风格概述

所谓“扁平化风格”，指的是抛弃已经流行多年的渐变、阴影、高光等拟真视觉效果，而打造出一种看上去更“平”的界面，鼓励用户用颜色和形状去探索。简言之：减少渐变、阴影和复杂厚重的纹理，大量使用简单的形状，大胆的色彩运用和清晰的排版，是扁平化风格的最大特点。

在设计元素上，扁平化风格强调的是：抽象、极简以及符号化。在手机界面的设计上，体现为更少的按钮和选项，让界面更为简洁，以减少复杂的装饰效果给用户带来的视觉疲劳，如图 3-2 所示。

图3-2　元素的扁平化设计

扁平化设计，除了视觉表现层面上的扁平化处理，还包括信息架构层面上的扁平化。界面去除冗余的装饰效果后，“信息”作为界面的核心，被凸显出来，使用户能更快地获取到界面中的核心内容。图 3-3 所示是一个电商的手机界面。该界面直接将图片与文字作为链接入口，而没有添加额外的单击按钮，用户在浏览时，可以将其注意力更加集中在产品上。

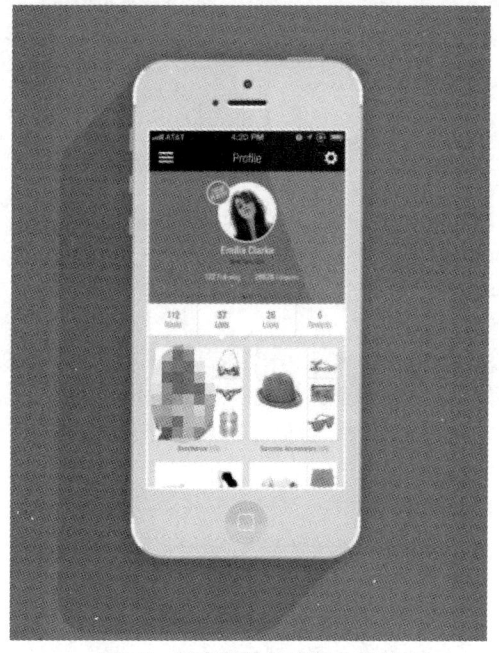

图3-3　信息架构的扁平化设计

现实生活中处处可见扁平化风格的设计作品，如苹果手机的界面，如图 3-4 所示，采用棱角分明的线条，加上苹果手机的原生应用的界面设计，颜色鲜明、对比强烈。

图3-4　扁平化风格的苹果手机界面

彩色效果图

微软应该说是全面使用扁平化风格最早的公司之一，Windows 8 的 Metro（美俏）采用的是彻底的扁平化风格：大胆的配色和平铺的磁片展示设计方式，让 Windows 品牌的界面风格独树一帜，如图 3-5 所示。

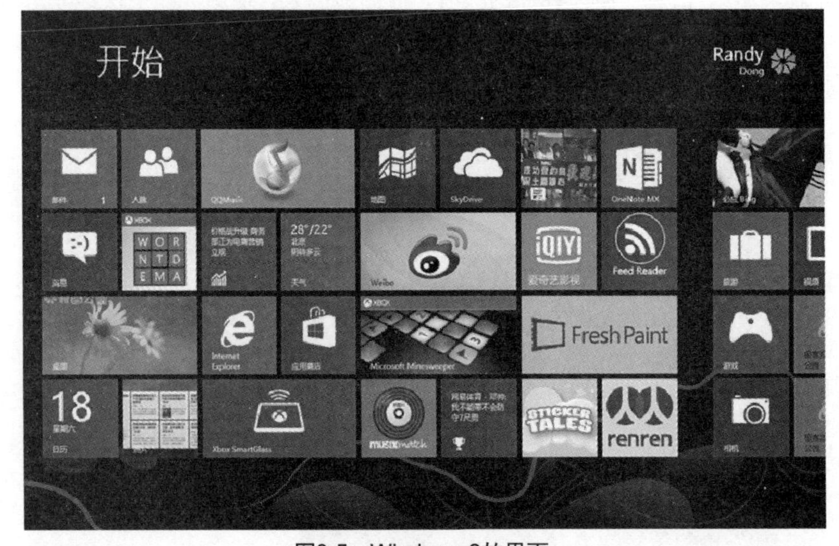

图3-5　Windows 8的界面

彩色效果图

说明

扁平化设计，英文名为“flat design”，它具有鲜明的色彩、清晰的边缘、开放的空间、考究的图形。简约和简单是扁平化设计的主要特性。扁平化设计的概念于 2008 年由 Google（谷歌）公司提出。微软公司成为扁平化设计的第一个实践者，苹果公司则是扁平化设计流行起来的重要推手。

3.1.2　扁平化风格的设计原则

设计师 Carrie Cousins 在设计网站上率先提出了扁平化设计的相关原则。

1. 去除冗余的装饰效果

扁平化的设计，从操作视窗到各类操作栏，从图片框到图标，所有的界面元素及页面布局，都不加修饰，舍弃了阴影、高光、斜面浮雕等装饰效果，如图 3-6 所示。

图3-6　去除冗余的装饰效果

2. 使用简单的设计元素

扁平化设计倡导在保证 App 可用性的前提下，尽可能地让整体视觉效果趋于简洁，以提升 App 的易用性。扁平化设计中常用的 UI 元素包括：圆形、矩形、方形等简单的形状，如图 3-7 所示。

3. 注重排版

排版的目的在于帮助用户理解设计。排版中字体的视觉占比较大，它需要和其他元素（图形、图像、图标、导航等）相辅相成、配合使用。扁平化设计通常选择简单的无衬线字体，通过字体的大小、字重的权值以及颜色的深浅，来区分页面中的信息层级，如图 3-8 所示。

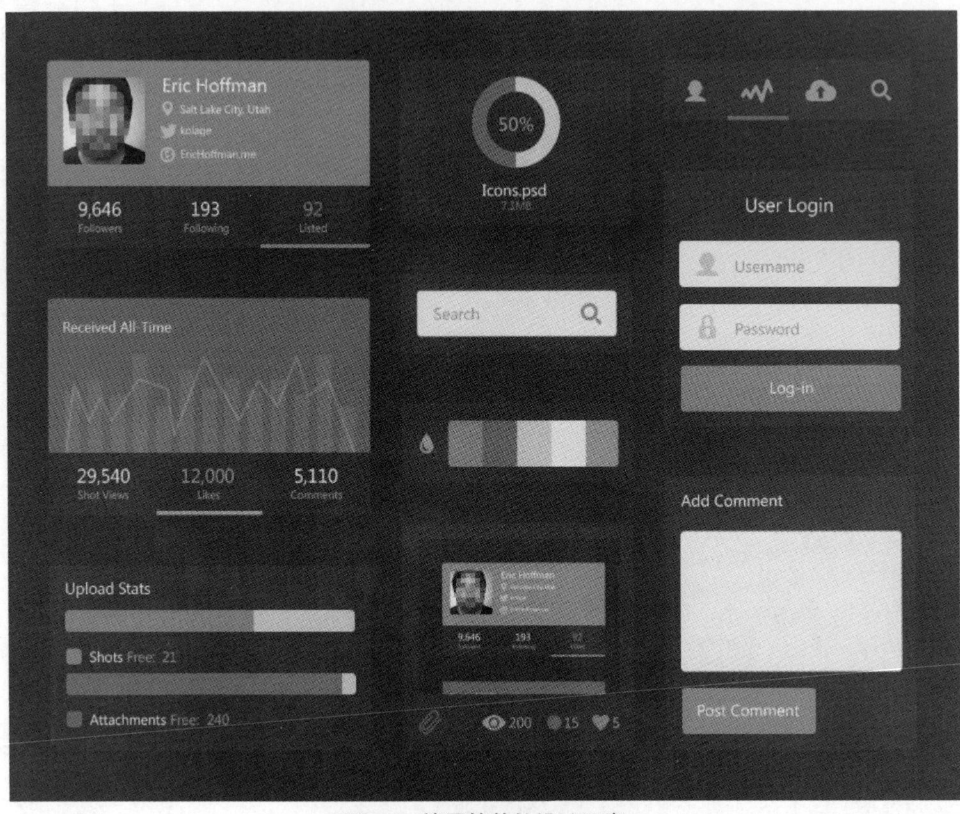

图3-7　使用简单的设计元素

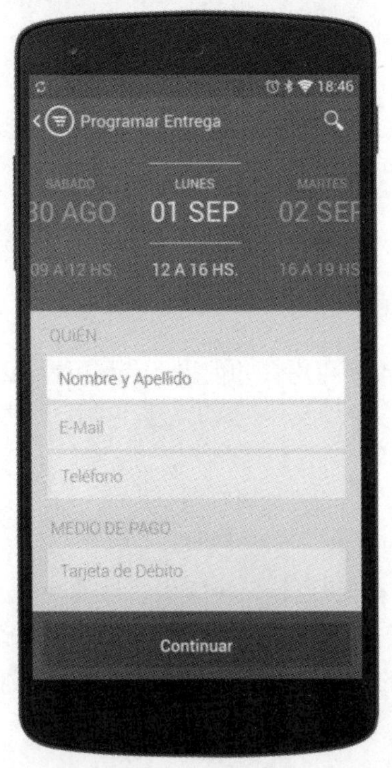

图3-8　注重排版

4. 关注色彩

iOS 7 系统在推行扁平化设计初期，遵循《iOS 7 官方设计指南》设计的界面及元素，大多使用纯净的单色进行填充，整体界面与元素色彩鲜艳、明亮。直至双渐变色配色方案的回归，扁平化设计在色彩的运用上，才突破了以往单一纯色的限制，如图 3-9 所示。

图3-9　关注色彩

彩色效果图

经验分享

一般的界面设计会使用 4 种色调：主色调、辅色调、点睛色、背景色。

主色调：指界面色彩的主要色调，其他配色不能超过主色调的视觉面积。

辅色调：也称为辅助色，其视觉占比仅次于主色调，是用于烘托主色调的色彩。

点睛色：视觉占比小，一般使用与主色调对比强烈的色彩，从而突出主题，使界面更加生动、跳跃。

背景色：是烘托整体界面的色调，一般使用无色相的黑、白、灰，或比主色调更深的同色系色彩。

视觉设计不应局限于某种设计风格，而应考虑设计风格与产品气质的整体契合度。扁平化设计风格不一定适合所有的App，如游戏类的App。所以，不能强求所有App都遵从扁平化风格的设计原则，设计师在设计之初，要从产品的定位、用户群体的审美倾向来确定界面的设计风格。

3.1.3 演示案例——制作扁平化风格相机图标

制作扁平化风格的相机图标，最终效果如图3-1所示。

扁平化图标的设计，一般应选取平视的正面角度拍摄的实物作为参照物，尽量避免平视3/4侧面、俯视顶面或仰视底面等角度。因为相比其他角度，正面视角既能适当投射物体的整体外形轮廓，减少细节元素的干扰；又能避开物体的透视角度，如图3-10所示。

图3-10　相机的正面图与侧面图

实现步骤

（1）分析相机的主要构成部件，如相机的外形轮廓主要由机身、镜头、快门、目镜等部件组成。参照实物绘制时，只需要交代主要的部件即可，如图3-11所示。

图3-11　相机的构成部件

（2）根据分析，在实物图的基础上使用矢量图形工具及钢笔工具，绘制相机的大体轮廓，如图3-12所示。

图3-12　相机轮廓绘制

（3）适当减少外形轮廓中的细节元素，如相机两侧吊绳的挂钩等；并调整图形组件的大小比例，对图形符号进行简化和抽象处理，使其更符合图标的标准，如图 3-13 所示。

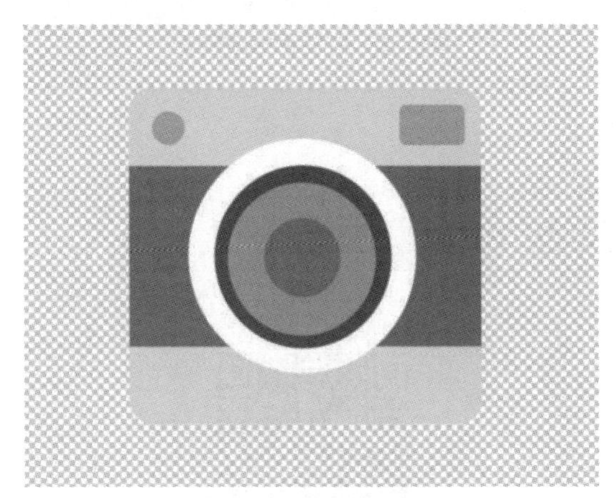

图3-13　调整相机比例

（4）根据产品的气质与定位，参考扁平化图标的配色方案，对相机图标进行配色，如图 3-14 所示。

图3-14　调整图标颜色

彩色效果图

思路扩展

纯扁平化的设计风格，更符合 iOS 系统的定位。若要适配 Android 系统，可对启动图标进行差异化设计，在纯扁平化图标的基础上，适当添加纹理质感、高光与阴影，让纯扁平化的图标转化成轻质感的图标，如图 3-15 所示。

图3-15 轻质感相机图标

3.2 制作折纸风格“设置”图标

参考视频：扁平化风格图标——折纸风格

完成效果

折纸风格“设置”图标完成效果如图 3-16 所示。

图3-16 折纸风格“设置”图标完成效果

彩色效果图

案例分析

如图 3-16 所示，案例中的“设置”图标，由 3 层齿轮图案组成。

顶层的齿轮图形以自身的垂直平分线作为折痕，将整个图标分割为两个面：左侧为亮面，右侧为暗面。亮面与暗面遵循扁平化设计的原则，以单一纯色进行填充，没有模拟实际物体因光源影响而出现的色彩渐变过渡。这种简单、抽象化的处理手法，与扁平化设计极简、抽象的特点相吻合。

齿轮的中间层，通过顶层齿轮投射的阴影，拉开了两者之间的空间距离，形成顶层叠加中间层的效果。

齿轮的底层，即最深色的部分，使用内阴影的图层样式，模拟了纸片镂空效果。

由此可见，折纸风格图标的设计并不排斥图层样式的使用，这与扁平化设计的原则是相悖的。所以，折纸风格的图标并非是纯扁平化风格的图标。

说明

没有永恒的设计风格，设计语言的时尚风向标也是不断变化的。纯扁平化设计在流行一段时间后，用户对于纯平面的设计也会慢慢感到乏味和单调。所以，在扁平化设计的基础上，图标设计、配色方案与界面设计，也将会出现一些细微的变化。

3.2.1　折纸风格图标概述

折纸风格图标的表现形式多种多样，可以是一个动植物的整体造型，也可以是单一图形的重叠、重复组合；可以通过“线”突出折纸的效果，也可以通过立体的“面”透过光影展现物体的形态，如图 3-17 所示。

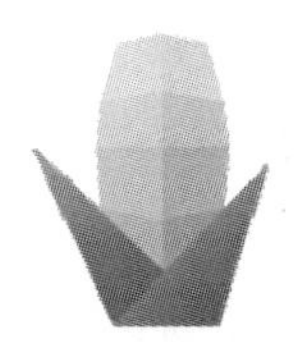

图3-17　折纸风格图标的表现形式

3.2.2　折纸风格图标的艺术特征

1. 象征性与识别性的展现

折纸风格的图标或简洁、或抽象、或夸张。整体几何感明显，将复杂和简洁结合，既有神韵的把握，也有形似的特点，如图 3-18 所示。

图3-18　折纸风格图标的象征性与识别性

2. 立体空间的体现

折纸风格的图标设计相比纯扁平化风格的图标设计，多了立体空间的展现，层次更加丰富，结构更加明显，具有丰富微妙的光影变化，让平淡无奇的作品看上去更加细腻、精致，更具立体感，如图 3-19 所示。

图3-19　折纸风格图标的立体空间体现

3. 情感互通体验平台的搭建

折纸风格的图标设计生动、巧妙，富有亲和力，能促进界面和用户之间的情感交流，使用户感到舒适、亲近，是移动端界面情感化表达的重要方法，如图 3-20 所示。

图3-20　折纸风格图标的情感化表达

3.2.3　演示案例——制作折纸风格“设置”图标

制作折纸风格“设置”图标，最终完成效果如图 3-16 所示。

实现步骤

（1）在设计之前，首先要对复杂的图形进行拆分，分析图标的各个组成部分，如图 3-21 所示。

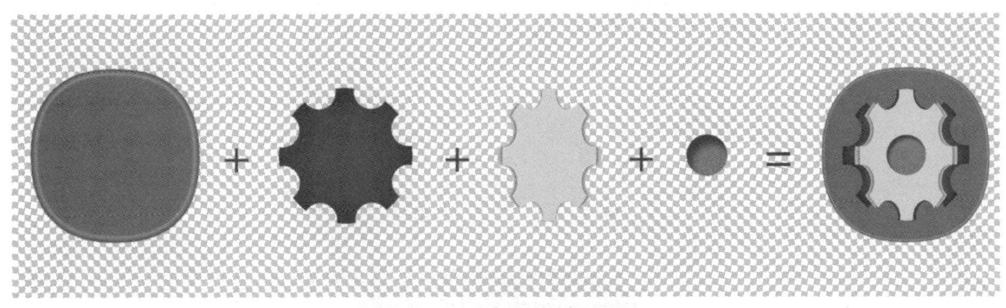

图3-21　图标制作步骤划分

（2）使用对齐和分布面板对白色圆圈进行对齐和平分，使用图层蒙版进行齿轮豁口的处理，如图 3-22 所示。

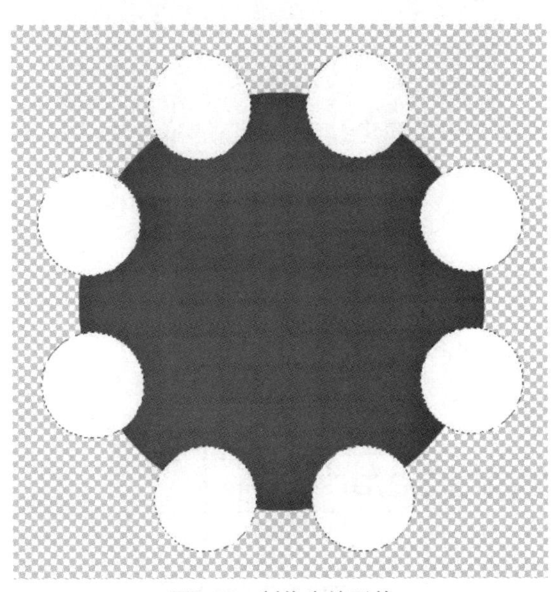

图3-22　制作齿轮形状

（3）对整体形状进行复制和变形，使用外发光的图层样式来增加整体的阴影效果，仿造折纸的艺术特征，如图 3-23 所示。

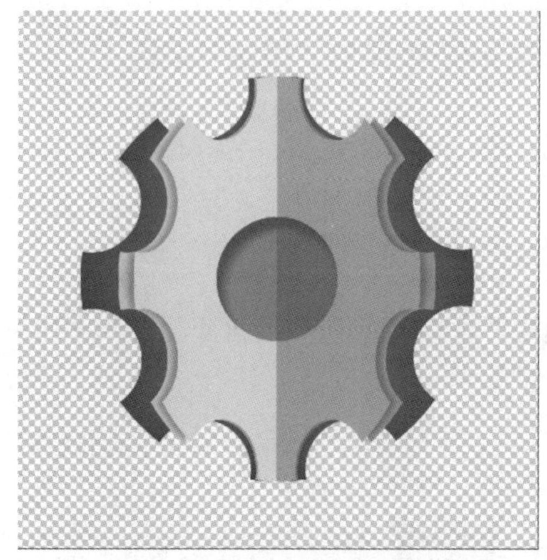

图3-23 制作折纸风格效果

（4）进行细节调整，完成图标制作。最终效果如图 3-24 所示。

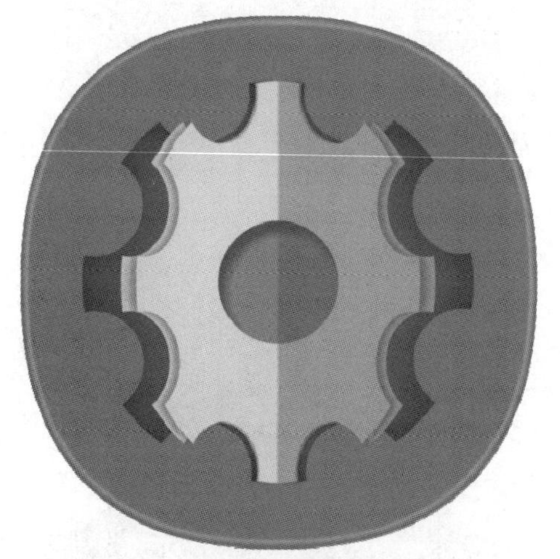

图3-24 折纸风格图标的完成效果

彩色效果图

3.3 制作长阴影风格 Safari 图标

参考视频：扁平化图标——长阴影风格

完成效果

长阴影风格 Safari 图标完成效果如图 3-25 所示。

图3-25　长阴影风格Safari图标完成效果

彩色效果图

案例分析

案例中的 Safari 图标，与纯扁平化图标最大的区别就是图标右下角的长阴影效果。长阴影效果的制作，一般可通过剪切蒙版实现。

3.3.1　长阴影风格图标的特点

1. 光源的位置

长阴影风格图标模拟光线从 45° 或 135° 的角度照射物体，并在光源的对面形成长长的阴影。这样的设计给图标增加了一定的厚度，让图标看起来更为立体，如图 3-26 所示。

图3-26　长阴影风格图标的光源射入角度

2. 抽象的投影

长阴影风格图标中的阴影，并没有严格按照光影逻辑进行设计，是抽象、夸张、简化后的视觉符号。长阴影风格图标有以下几个特点：第一，阴影边缘轮廓分明，并没有完全模拟现实世界中阴影边缘羽化的特点，是抽象概括后的视觉设计；第二，阴影与图形之间的长短比例并没有严格的约束限制，部分长阴影图标的投影甚至一直延伸到图标背景的边缘，是适度夸张的视觉设计；第三，部分长阴影仅通过单一的纯色进行概括，没有色彩明度上的渐变过渡，并未遵循投影近实远虚的特点，是简化处理后的视觉设计，如图 3-27 所示。

图3-27　长阴影风格图标的特点

3.3.2　演示案例——制作长阴影风格 Safari 图标

长阴影风格 Safari 图标的最终效果如图 3-25 所示。

实现步骤

（1）在设计图标之前，首先要对其进行分析，将设计思路和元素之间的关系整理清晰，并对其进行拆分，如图 3-28 所示。

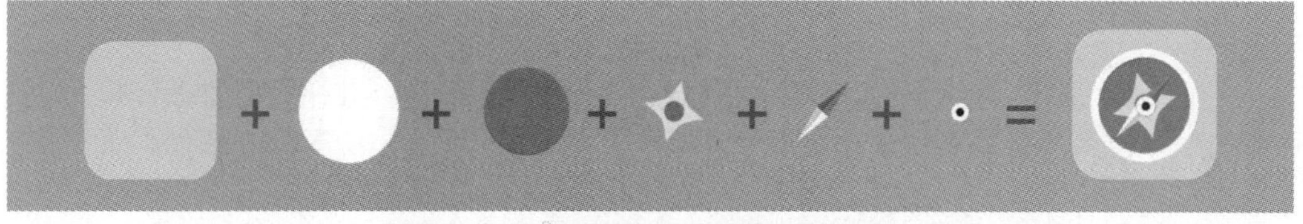

图3-28　长阴影风格Safari图标制作步骤

（2）使用钢笔工具和矢量工具，对形状图层进行相交和相减，制作长阴影效果，如图 3-29 所示。

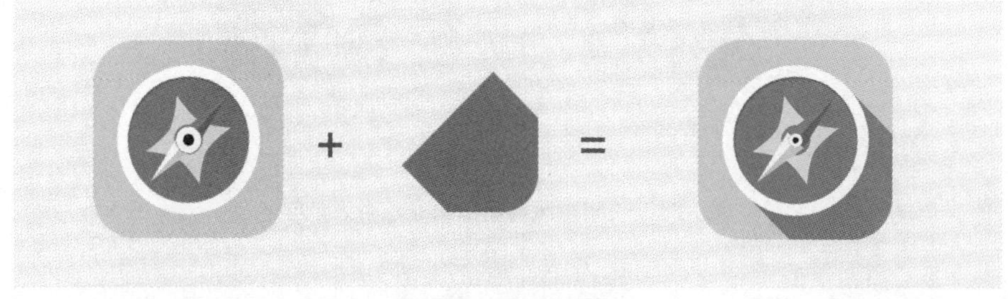

图3-29　添加长阴影

本章总结

- 扁平化风格最核心之处：去掉冗余的装饰效果，即去掉多余的透视、纹理、渐变等能做出 3D 效果的元素，让“信息”本身作为核心凸显出来；并且在设计元素上强调抽象化、极简化、符号化。
- 扁平化风格图标的优点：设计简约而不简单，具有新鲜感；突出内容主题，减弱渐变、阴影、高光等效果对用户视线的干扰，让用户更加专注于内容本身，简单、易用；便于快速执行和修正。
- 扁平化风格图标的缺点：需要一定的学习成本；传达的感情不丰富。
- 长阴影风格图标的特点：阴影是以一定角度来投射的，给图标增加了深度；阴影可以是扁平的、无渐变的，或者是带有一定明暗变化和衰退的。
- 长阴影风格图标的缺点：阴影有时并不符合光影逻辑，与 iOS 系统启动图标采用顶部光源的设计规范相悖。
- 折纸风格图标设计可以是一个动植物的整体造型，也可以是单一图形的重叠、重复组合，或者以“折”“叠”来表现；可以以“线”突出折纸的效果，也可以以立体的“面”透过光影展现充实、饱满的形体美感。

本章作业

1. 简述扁平化风格的 4 个主要设计原则。
2. 简述折纸风格图标具有哪些艺术特征。
3. 简述长阴影风格图标的光源位置与投影具有哪些特点。

第 4 章

拟物化风格图标设计

本章目标

- ❖ 了解拟物化风格图标的概念
- ❖ 了解拟物化风格图标的优缺点
- ❖ 掌握拟物化风格图标设计的流程和方法
- ❖ 掌握拟物化风格启动图标的设计原则
- ❖ 掌握拟物化图标常用的质感表现手法

本章简介

拟物化风格，又称拟真化风格。在智能手机兴起的初期，苹果公司 iOS 系统负责人 Scott Forstall 对拟物化风格的推崇与使用，使其风靡一时。

虽然扁平化风格依旧盛行，但是拟物化风格以其直观、学习成本低等优势，在游戏类 App 及乐器类 App 的设计中，占据了重要的地位，如图 4-1 所示。本章将介绍拟物化风格的设计流程、设计原则以及质感表现手法等知识，最终引导读者设计出精美的拟物化风格图标。

图4-1 拟物化风格的界面

4.1 制作拟物化风格日历启动图标

完成效果

拟物化风格日历启动图标的完成效果如图 4-2 所示。

图4-2 拟物化风格日历启动图标完成效果

彩色效果图

案例分析

案例中的日历启动图标是典型的拟物化风格图标。制作这种图标主要运用 Photoshop 中的渐变叠加、斜面浮雕、投影等图层样式来模拟金属、纸张、木头等材质的表面纹理、质感与厚度；并根据光影关系，模拟现实世界中物体受环境光照射的影响，使图标表面的色彩呈现出亮面与暗面的柔和过渡。

4.1.1　拟物化风格的概念

参考视频：拟物化风格图标——日历图标

“拟物化”（skeuomorph）一词来源于古希腊，意思是只要看到物体的外在形态，就能知道其用途。1890 年业内刚开始使用这一术语的时候，主要将其用于描述实体艺术中的技法。

随着时代的发展，“拟物化”开始被广泛用于描述计算机和移动设备的交互界面风格。拟物化风格是指以保留原始被模仿对象的各种装饰元素为基础，由此衍生出来的设计风格。图 4-3 所示的两个应用界面，哪一个运用了拟物化风格？

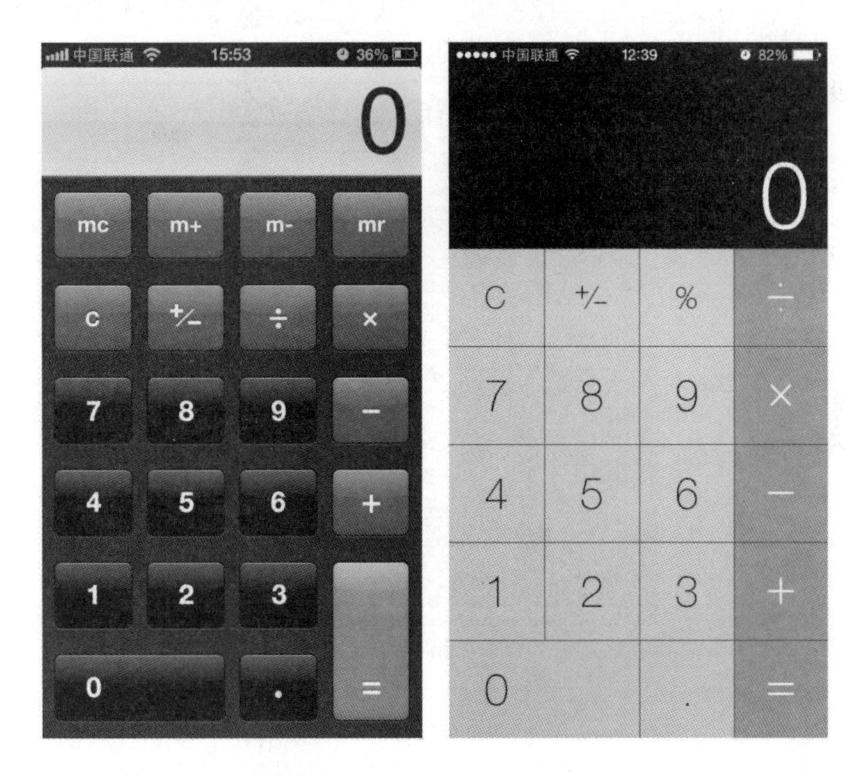

图4-3　iOS系统计算器应用界面

答案：这两个应用界面都使用了拟物化风格。因为它们都复制了现实中计算器的布局，非常贴近于现实事物。

拟物化风格设计是模拟现实物品的造型和质感，通过叠加高光、纹理、材质、阴影等效果对实物进行再现。拟物化风格设计通过类比的方式弱化用户在操作时产生的恐惧感，在交互场景中，以最大化类比的效果，通过对材质的真实呈现以及设计来解决使用中的困扰，更加友好地引导用户使用触摸屏，使触摸屏变得更亲切、更真实，如图 4-4 所示。

图4-4　拟物化风格的启动图标

iOS 系统中的 iBook 应用界面如图 4-5 所示，看上去与真正的书架没什么两样，甚至连木头的纹理都能看出来，这就是拟物化风格设计。拟物化风格设计除了对实物进行再现，同时也在模拟真实物体的基础上进行适当地变形或夸张处理。拟物化风格设计让人第一眼就能认出这是什么，它不仅模拟真实物体，也模拟现实生活中的交互方式。

图4-5　iBook应用界面

说明

拟物化的用户界面设计最早出现在游戏视频中。为了保证游戏的代入感，游戏设计师使用木质、金属和石头等材质来构建用户界面。

4.1.2　拟物化风格的设计特点

在智能手机刚兴起时，拟物化风格曾备受设计师与用户的青睐。追根溯源，是由于智能手机发展初期，用户对于操作界面中的功能架构还很陌生，而拟物化设计能给人更安全、更便捷的带入感，能提供更多的提示和帮助信息。拟物化风格自身的特质，使其顺应了时代发展的需求，从而被广泛应用于智能手机界面设计中。图 4-6 所示为拟物化风格的智能手机主屏幕。

图4-6　拟物化风格手机主屏幕

随着数码科技的发展，用户对智能手机越来越熟悉，拟物化风格本身的不足也愈加凸显，如开发成本高昂、视觉审美疲劳、多终端适配困难、响应式布局无法推行等。现在的拟物化风格设计更多是作为一种视觉装饰存在于界面之中。

拟物化风格设计的优点如下。

（1）外观与现实物品相似，降低用户认知和学习成本。图 4-7 所示是由音量分贝数值、扬声器小图标和弧线形调节按钮等部件组成的拟物化音量调节图标，其外观与现实生活中车载 CD 的音量调节旋钮十分相像。由于是拟物化的图标，用户很容易辨识出图标所代表的功能，从而减少操作时的陌生感，缩短掌握的时间。

（2）交互方式与现实物品保持一致，提升产品品质与用户体验度。拟物化的设计，不仅体现在视觉层面的拟物化，还体现在其交互方式与现实世界中物体运动规律保持一致。图 4-8 所示是很多用户都非常熟悉的 iOS 系统下 iBook 的翻页效果。用户使用 iBook 阅读，有一种回归真实书籍的感觉。

图4-7　音量调节图标

图4-8　iBook的翻页效果

拟物化风格设计的缺点如下。

（1）拟物化风格需要设计师花费大量的时间来模拟物体的光影和质感，这势必会延长产品的研发与迭代更新周期，增加项目开发的成本。拟物化风格对设计师的软件使用熟练程度和视觉设计能力都提出了较高的要求。因此，对于新手设计师来说，拟物化风格设计的过程显得过于烦琐。

（2）随着硬件设备的快速更新换代，智能手机的尺寸和屏幕分辨率越来越多，细节繁多的拟物化风格设计，在跨系统、多终端适配方面显得越来越不合时宜。

4.1.3　演示案例——制作拟物化风格日历启动图标

拟物化风格日历启动图标的最终效果如图 4-2 所示。

实现步骤

（1）在设计日历图标之前，先要分析现实中的日历，如图 4-9 所示，提取其中的关键组成部件，如木制托盘、纸张、金属环、数字等，为接下来的图标设计做好准备。

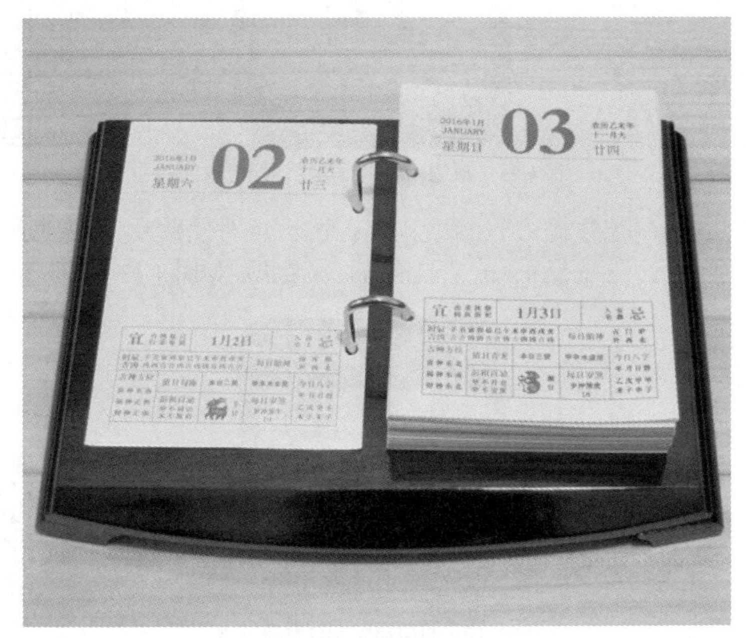

图4-9　现实中的日历

（2）结合拟物化风格的设计特点，对日历图标的组件进行拆分，拆分后的日历图标组件如图 4-10 所示。

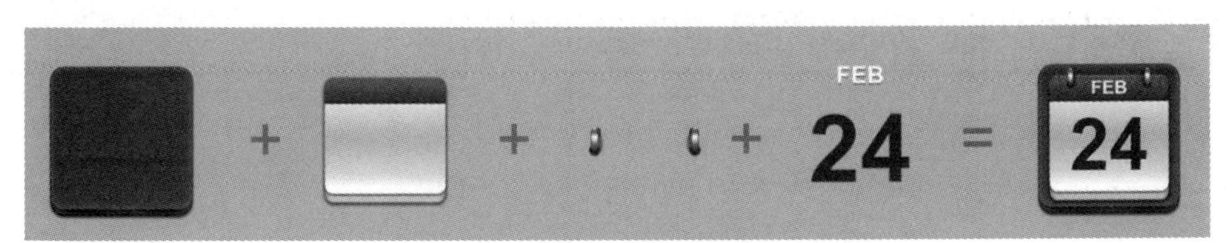

图4-10　拆分后的拟物化风格日历图标

（3）使用形状工具和钢笔工具绘制日历的整体结构，效果如图 4-11 所示。

图4-11　拟物化风格日历图标的整体结构

（4）给图标上色，将各部分大致的颜色画出来，如图 4-12 所示。

图4-12　拟物化风格日历图标配色效果

彩色效果图

（5）为图层增加图层样式，通过颜色渐变、内发光、外发光等增加图形的质感和细节，加强光感，模拟出日历上的反光和色彩过渡转折等效果，如图 4-13 所示。

图4-13　日历启动图标最终效果

彩色效果图

4.2 制作拟物化风格抽屉邮件启动图标

完成效果

拟物化风格抽屉邮件启动图标的完成效果如图 4-14 所示。

图4-14　拟物化风格抽屉邮件启动图标完成效果

彩色效果图

案例分析

拟物化风格抽屉邮件启动图标主要由抽屉、邮件、骑马钉等组成，运用了内阴影、渐变叠加、描边以及斜面浮雕等图层样式，塑造了抽屉的金属拉丝质感、邮件的纸质厚度感和骑马钉的金属反光效果。

一般情况下，进行拟物化风格图标的设计，需要先观察现实世界中物体的结构与光影变化，才能把握好图标的透视角度与光影关系。本案例中的图标定格了抽屉拉开瞬间的画面，在绘制过程中，需要注意各组件的透视关系与光影变化。

4.2.1　拟物化风格图标的设计流程

参考视频：拟物化风格图标——抽屉邮件

拟物化风格图标都具有较为厚重的质感，表面色彩明暗过渡细腻，符合物体的空间透视关系。因此，拟物化风格图标的设计过程一般都较为烦琐。设计师从开始构思方案到最终实现效果图，需遵循一定的设计流程，以提升设计速度与质量。拟物化风格图标的设计，一般都要经过素材收集整理、实物结构与光影分析、草图绘制、效果图绘制等过程。

1. 素材收集整理

拟物化风格图标的设计灵感，一般都是通过收集整理大量的素材，在对比分析的基础上得来的。素材的收集，需要朝着一定的方向展开，切不可天马行空、漫无目的地搜索。

（1）从产品目标出发。设计师先想想设计的需求是什么？什么题材可以满足这些需求？选定题材能很好地表现产品的目标吗？设计师应带着上述问题去查找相关素材，欣赏相关作品，从优秀的作品案例中得到启迪，如图 4-15 所示。

图4-15　台球App图标

经验分享

设计师可以根据项目需求选择表现风格或者根据所要表达的主题选择材质等。如果所要设计的图标不是商业作品，设计师完全可以从自己感兴趣的题材入手，这样更能激发设计师的创作欲望。

（2）从现有图形系统出发。现有图形系统是被人们熟知和认同的图形表现形式，设计师可根据现有图形系统来定位自身产品的造型，还能有效避免引起歧义。如图 4-16 所示，设计一枚“设置”启动图标，可参考齿轮图形进行绘制。因为齿轮图形代表设置的功能，在移动端的视觉设计中，已经被广大设计师与用户所认可。

图4-16　“设置”图标

（3）从竞品分析出发。竞品即竞争对手的产品。竞品分析，顾名思义，就是对应用市场中已经存在的同类产品进行比较分析。例如，要做一款购物类 App 的启动图标，可以参考蘑菇街、京东、天猫、一号店等 App 的设计风格，从而确立自身产品启动图标的外观，如图 4-17 所示。

图4-17　竞品图标

2. 实物结构与光影分析

设计师绘制拟物化风格图标时，在遵循现实物品透视关系与光影逻辑的基础上，还要进行适当的抽象概括。收集到足够的设计素材之后，需要对作为设计对象的实体参照物进行结构拆分与光影分析。

（1）结构拆分。对于实体参照物的结构拆分，不需要精细到每一个零部件，只需要提取能反映实物外形轮廓特征的关键元素即可。如图 4-18 所示，制作一个钢琴乐器的 App 启动图标。首先需要对实物钢琴的结构进行拆分，钢琴的部件很多，如黑白键、大摇盖、谱架、顶盖、支撑架等。在众多部件中，黑白键、大摇盖与谱架是钢琴的核心元素，是最能反映钢琴特征的主要部件。

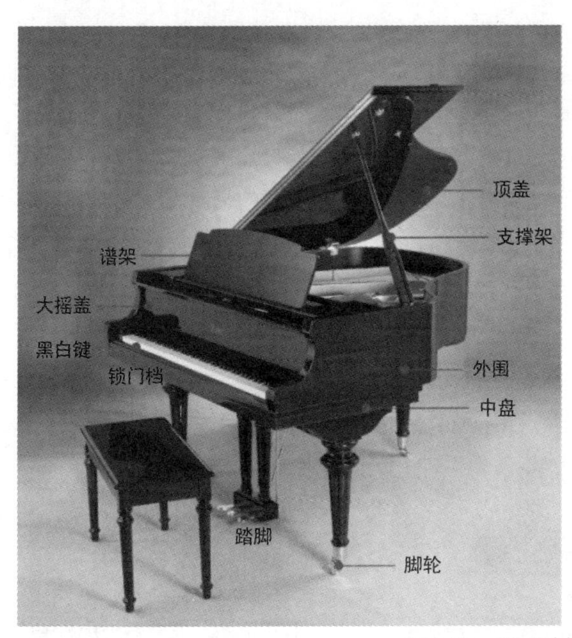

图4-18　钢琴结构拆分

（2）光影分析。图标绘制中，有关物体的光影，主要考虑三个方面。其一，光从哪里来。光源的投射角度决定了图标表面的明暗变化走势，距离光源最近的地方，往往是图标的亮面与高光所在的位置。其二，光到哪里去。光源入射角度的对立面，一般就是光衰减消失的方向，也是图标的暗面与阴影所在的大概位置。其三，光的色彩选择。拟物化风格图标的光源色彩简单分为冷暖光即可。在实际工作中，是选择冷光还是暖光来提升图标的质感，要根据产品本身的特质来决定。理论上要选择与图标主色调相近的色彩，以避免图标色彩的混乱，如图 4-19 所示。

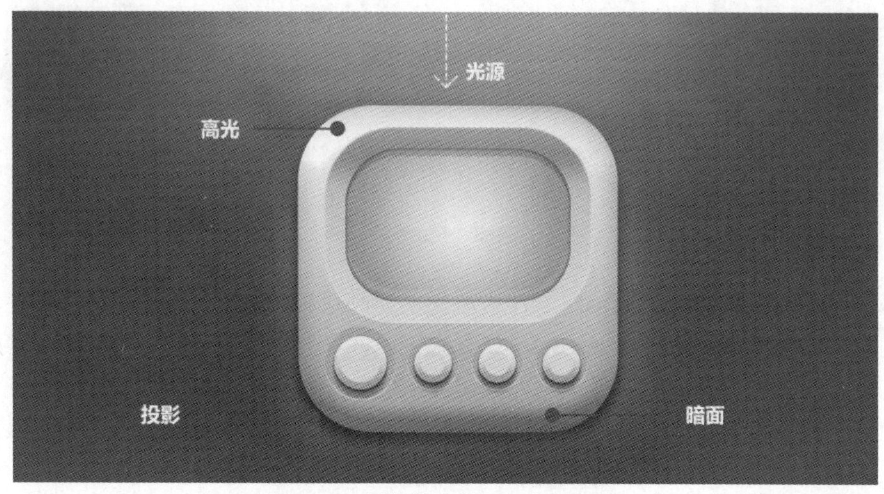

图4-19　拟物化风格图标光影分析

3. 草图绘制

由于拟物化风格图标是对现实物体造型与质感的模拟，所以在使用软件进行绘制之前，为减少后期对效果图的反复修改，需要先在纸张上将图标的大致效果绘制出来，以保证物体的造型符合空间透视关系，然后为确保图标的质感可以通过计算机模拟出来。

对于由多组件拼接而成的拟物化图标，一般情况下，从网上收集整理到的素材图片，物体组件之间的透视角度不统一。因此，在草图绘制阶段，有必要对所有组件的透视角度进行统一，如图 4-20 所示。另外，拟物化风格图标的设计，也不能简单地等同于超写实绘画创作。拟物化风格图标受设计尺寸与设计规范的制约，只是在一定程度上模拟现实物体的造型与质感，所以是高度的抽象概括，与实体参照物的造型质感还是有所区别的。

图4-20　统一图标组件的透视角度

在草图绘制阶段，除了需要整合所有组件的透视角度与质感纹理，还需要适当调整图标组件的大小比例、色彩搭配、形状轮廓等，如图 4-21 所示。

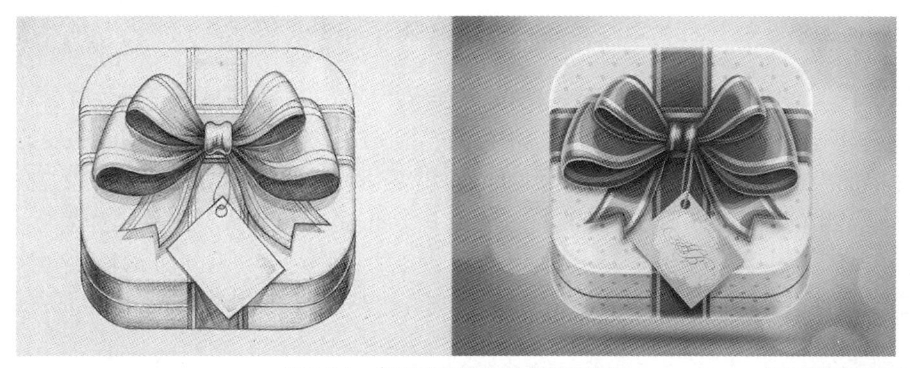

图4-21　拟物化风格图标草图绘制

彩色效果图

4. 效果图绘制

拟物化风格图标效果图的绘制，需要借助 Photoshop 等常用设计软件来辅助作图。对于图标组件中的基本几何图形，尽量使用软件内置的矢量图形进行绘制，以保证图形边缘轮廓的清晰度。对于不规则图形组件的绘制，设计师可以借助手绘板或其他工具来辅助作图，以保证图形边缘轮廓的平滑过渡，如图 4-22 所示。

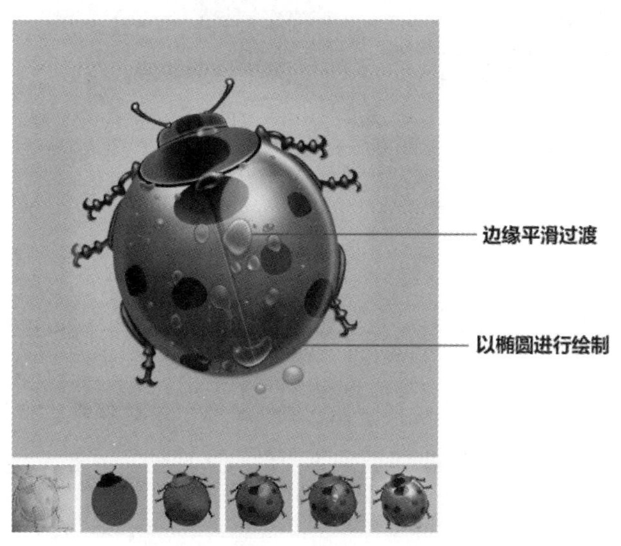

图4-22　拟物化风格图标效果图绘制

4.2.2　拟物化风格图标的设计原则

为保证图标能够按照既定的产品目标进行开发，在产品发布上线后，又能够在应用领

域被广大用户所熟知，提升产品的下载量与使用频率，需要设计师在设计之初就遵循一定的设计原则。

1. 根据平台设计规范以及应用场景进行设计

拟物化风格图标的设计，需要考虑在各个平台中的实际应用情景，充分考虑其实现的可行性，针对应用形式、材料和制作条件的不同采取相应的设计手段。同时还要兼顾应用于其他视觉传播方式（如应用商店展示、印刷、广告、影像等）或放大、缩小时的视觉效果。

以最常用的 Android 系统和 iOS 系统而言：Android 系统的设计规范相对宽松，不是很严格，但是也不能完全不予理会。iOS 系统的设计规范相对更严格，如 iOS 系统中 App 图标的设计尺寸是 1024px×1024px，如图 4-23 所示。

图4-23 iOS系统启动图标尺寸的设计规范

注意

（1）在设计 App 启动图标时要考虑后期是否会印刷，因为设计时的像素大小会直接影响后期的印刷效果。

（2）为了防止图片过大引起的卡机、死机现象，或后期修改带来的被动因素，应尽量使用矢量软件或 Photoshop 里的矢量工具来设计。

2. 图标表现形式追随产品功能进行设计

拟物化风格图标的质感表现方法有很多，如金属、纸张、玻璃、木纹等，但是具体选择哪种材质来表现，最能符合产品的气质与功能呢？这就需要设计师在图标绘制阶段，充分考虑产品本身的特性以及所属领域的行业属性，通过材质纹理的运用来凸显产品的气质以及对应的功能。

图 4-24 所示是一款网球游戏 App 的启动图标。网球及球拍使用的材质主要包括橡胶、羊毛、尼龙。设计师在模拟实物进行绘制时，需要将网球特有的质感纹理恰当地再现出来，让用户在众多的 App 中能够快速识别出，当前这款应用是一款与网球有关的 App。

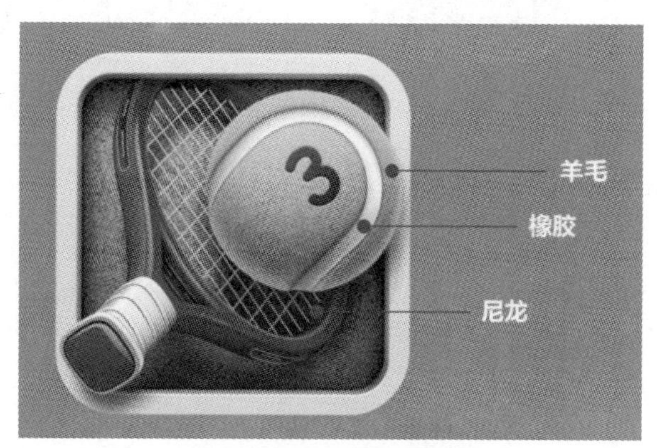

图4-24　网球App的启动图标

3. 基于用户的审美倾向与心理模型进行设计

图标的主要功能与目的是帮助用户完成相应的操作任务，所以图标的设计要以人为本，以用户为中心，充分考虑用户的直观接受能力、审美倾向、社会心理和禁忌，选择素材时更要注重使用场合、敏感时期以及民族情感等。

图 4-25 所示的两个人身剪影图标，都可以代表用户的功能，两者的区别如下。（1）图标的边缘轮廓：左侧图标的转折十分硬朗、尖锐，而右侧图标的整体边角圆润、柔和，显得更为亲切；（2）细节处理：左侧图标是系领带的男性用户，比较适合运用在以男性用户为主的应用中，右侧图标不凸显用户的性别，图标的运用面更广，能彰显出应用本身无性别偏见的立场。

图4-25　人身剪影图标

4. 在符合国家相关法律法规的前提下进行设计

设计师除了要阅读设计行业的相关书籍，对于行业相关的法律法规，也应该有所涉猎，避免设计的作品触碰国家法律法规的底线。例如，涉黄、有暴力或血腥倾向的场景与设计元素，都应该一律规避。

图 4-26 所示为《王者荣耀》《英雄联盟》《绝地求生》等搏斗类游戏图标。在设计这类启动图标时，应抛弃血腥的设计元素，确保在国家法律法规允许的范围内进行设计。

图4-26　游戏类图标的设计

4.2.3　演示案例——制作拟物化风格抽屉邮件启动图标

制作拟物化风格抽屉邮件启动图标，效果如图 4-14 所示。

思路分析

当用户收发的邮件数量过多时，就需要对邮件进行整理。抽屉邮件图标仿照现实中使用抽屉对邮件进行整理的方式来表现这一想法，具体实现步骤如下。

第一步，从实际出发。

根据设计需求抽取相关素材主题——抽屉、邮件，如图 4-27 所示。

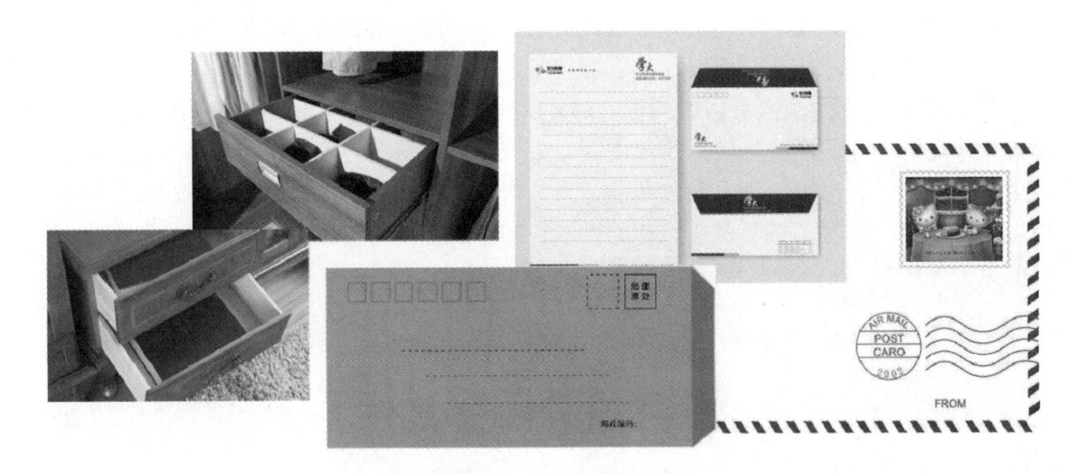

图4-27　相关素材

注意

搜素并分析相关素材，从中找出最符合项目需求和大多数用户审美要求的素材。

第二步，从现有图形系统出发。

现有图形系统是为人们所熟知和认同的图形设计系统。“邮件”的现有图形表现形态很多，如@、长方形、信封都能形象地加以体现；“抽屉”几乎全由实物加以呈现，只是材质有所不同，如图 4-28 所示。

图4-28　现有图形

第三步，从竞品比较出发分析。

搜索与“邮件”相关的竞品，如图 4-29 所示。

图4-29　相关竞品

实现步骤

图标的设计制作，简单来说就像建造房子，有了清晰的平面图纸才能进一步添砖加瓦。设计图标时也应对其制作步骤有清晰的把握。

（1）使用钢笔工具和图形工具绘制图标的整体结构，效果如图 4-30 所示。

图4-30　确定图标的整体结构和布局

（2）双击图层缩略图，更改形状图层的颜色，效果如图 4-31 所示。

图4-31　为图标上色

彩色效果图

（3）为图层增加图层样式，通过添加颜色渐变、内发光、外发光等样式为图标增加更多的质感和细节，如图 4-32 所示。

图4-32　调整光源、增加细节

彩色效果图

（4）将图标当作一张图片进行修整，在最上面增加一个图层，调整整体的光感，效果如图 4-33 所示。

图4-33　添加更多光感

彩色效果图

4.3 制作拟物化风格相机图标

完成效果

拟物化风格相机图标的完成效果如图 4-34 所示。

图4-34　拟物化风格相机图标完成效果

彩色效果图

案例分析

本案例是制作一个拟物化风格的单反相机镜头图标。单反相机镜头最具代表性的元素是镜片以及固定镜片的滚轴，该图标主要通过斜面浮雕、渐变叠加、内发光等图层样式来模拟镜片与滚轴的玻璃、金属以及塑料材质。

4.3.1 拟物化风格图标的造型设计手法

参考视频：拟物化风格图标——相机图标

拟物化风格图标的造型，在很大程度上决定了图标外观的美观性。拟物化风格图标设计的难点之一，就是在拆分完物体的结构之后，对物体设计元素的提炼与重组，即如何呈现图标造型的问题。拟物化风格图标造型的设计，在遵循现实物体结构形式的前提下，可以通过整体呈现、局部展现、夸张表现三种方式来重组。

1. **整体呈现**

当现实物体本身的结构比较简单，或者物体所有的组件都是反映其外部轮廓特征的关键性元素，在重组图标外形时，可以对所有组件都做保留处理，以保证图标外形轮廓的辨识度，如图 4-35 所示。

图4-35 整体呈现的拟物化图标

2. **局部展现**

当现实物体本身的结构比较复杂，存在很多冗余且不能呈现物体特征的元素的情况下，在重组图标外形时，设计师可以适当删减部分非个性化特征元素，以物体的局部代表整体，如图 4-36 所示。

图4-36　局部展现的拟物化图标

3. 夸张表现

拟物化设计既不等同于超写实绘画，也不是对现实物体的百分之百还原，而是经过设计师提炼重组后，适当夸张、拟人、变形后的设计呈现。在图标重组过程中，设计师可以对物体本身组件的大小比例、位置关系、图形轮廓等做适当的处理，如图 4-37 所示。

图4-37　夸张表现的拟物化图标

4.3.2　拟物化风格图标的质感表现手法

拟物化风格图标区别于扁平化图标的重要特征之一，就是拟物化图标具有较为厚重的质感纹理。拟物化图标可以使用的材质很多，如金属、木料、玻璃、宝石、布料、皮革、毛发、橡胶、塑料、液体、石材、泥土等。质感纹理的制作，也是拟物化图标设计的另一难点。本节通过讲解拟物化图标设计中的常用材质，来具体阐述各种常用材质的表现手法。

1. 金属

金属的种类很多，有铁、铬等黑色金属，金、银、铜等有色金属，以及其他稀有金属、放射性金属等。设计师在绘制图标时，要对金属的基本特性有所了解，才能正确表现其外观质感。

金属一般都具有光泽，即对可见光具有强烈的反射效果。要表现金属的光泽，一般可通过 Photoshop 中的渐变叠加进行制作，如图 4-38 所示。金属光泽感的塑造，也可通过加强亮面与暗面的明度对比度实现。

2. 木料

木料表面一般都具有清晰的年轮纹理，使用 Photoshop 软件中的图层样式来绘制木纹材质，会显得不自然。所以，设计师可从网上下载木纹的高清纹理贴图，将其调入 Photoshop

中，通过菜单栏自定义图案，使用“图案叠加”图层样式赋予相应的图形，可表现木料的质感，如图 4-39 所示。

图4-38　金属材质的表现方法

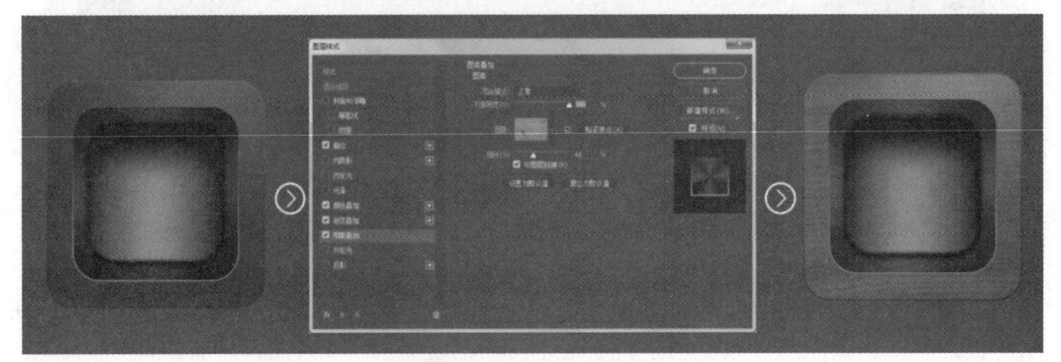

图4-39　木料材质的表现方法

3. 玻璃

玻璃材质是一种无规则结构的非晶态固体，具有透明、反光的特点。使用玻璃材质制作拟物化图标时，设计师可应用半透明的白色形状图层来表现玻璃表面的高光效果，如图 4-40 所示。

图4-40　玻璃材质的表现方法

4.3.3　演示案例——制作拟物化风格相机图标

设计制作一个 Android 系统相机图标，要求使用拟物化风格设计，完成效果如图 4-34 所示。

实现步骤

（1）Android 系统的启动图标可以使用不规则图形加以呈现。拟物化风格要求图标尽可能仿照现实事物，首先来仔细观察一下现实中的相机模样，提取它的关键元素，如图 4-41 所示。

图4-41　现实中的相机

经验分享

相机的关键元素是它极具光感的镜头盖以及黑色质感的外观。在制作拟物化图标的时候，应尽可能还原或保证它的关键特征，这样制作出来的图标才能让用户一眼就能辨认出来。

（2）对相机图标进行拆分。在绘制前把每一层都分解出来，然后按照图示并控制好各部分的比例，就可以很快做出图标，如图 4-42 所示。

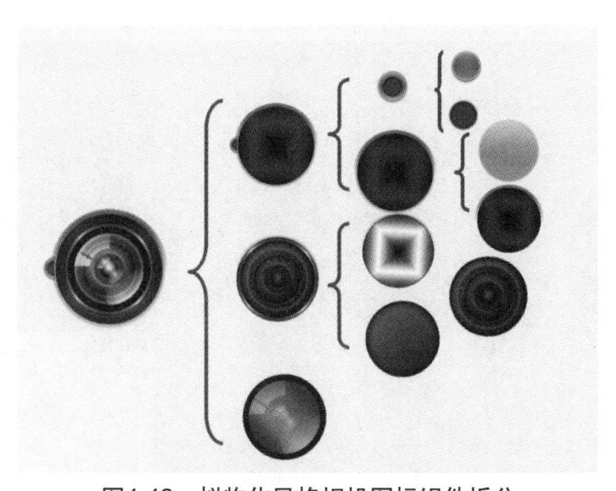

图4-42　拟物化风格相机图标组件拆分

（3）使用圆形工具绘制几个同心圆，然后分别为其添加图层样式，绘制出金属底座部分，并强调金属的投影、明暗交界线、高光、凹面等质感，效果如图 4-43 所示。

图4-43　绘制金属底座

（4）使用同样的方法绘制光圈部分，效果如图 4-44 所示。

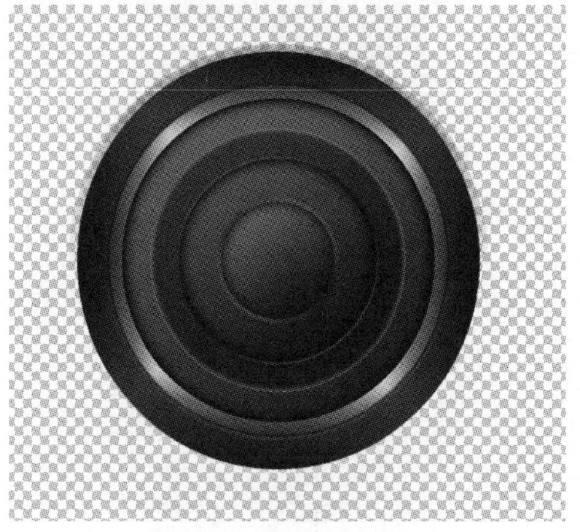

图4-44　绘制光圈部分

（5）绘制光晕镜头，效果如图 4-45 所示。

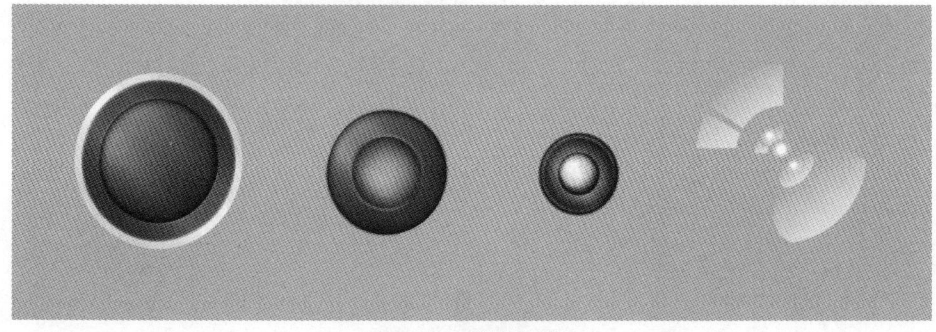

图4-45　镜头分解

（6）按照由下往上的顺序排列，得到图 4-46，并与底座合并。

图4-46　照相机图标完成效果图

彩色效果图

经验分享

（1）注意各个圆形之间的完美对齐。

（2）图层样式的熟练使用。

➢ 渐变叠加：线性、角度、菱形

➢ 阴影效果表现方法：投影、外发光

➢ 厚度效果表现方法：内发光、斜面与浮雕、描边

➢ 光感表现方法：图层混合模式的叠加、模糊、渐变叠加

本章总结

➢ 拟物化风格设计是模拟现实物品的造型和质感，通过叠加高光、纹理、材质、阴影等效果对实物进行再现。

➢ 拟物化风格设计的优点：外观与现实物品相似，降低用户认知和学习成本；交互方式与现实物品保持一致，提升产品品质与用户体验度。

➢ 拟物化风格设计的缺点：开发周期长、项目成本高、对设计师设计能力要求高。

➢ 拟物化风格图标的设计流程：素材的收集整理，实物结构与光影分析，草图绘制，效果图绘制。

➢ 拟物化风格图标的设计原则：根据平台设计规范以及应用场景进行设计，图标表现形式追随产品功能进行设计，基于用户的审美倾向与心理模型进行设计，在符合国家相关法律法规的前提下进行设计。

➢ 拟物化风格图标的造型设计手法：整体呈现、局部展现、夸张表现。

本章作业

1．谈一谈 UI 设计师可以从哪些方向出发，搜集拟物化风格图标的设计素材。

2．简述如何分析现实生活中物体的光影关系。

3．简述设计拟物化风格图标时应遵循的相关原则。

第5章

Android系统UI设计规范

本章目标

- ❖ 了解 Android 系统手机界面设计规范
- ❖ 掌握 Android 系统手机界面中控件的设计技巧
- ❖ 掌握 Android 系统手机界面中视图的设计技巧
- ❖ 掌握 Android 系统手机控件套件的制作方法

本章简介

Android 系统是一款应用于移动设备（如智能手机、平板电脑）的操作系统。它以其特有的高度开源、跨平台开发等优势占领了国内主要智能手机市场。设计出符合 Android 系统平台规范的手机界面，成为设计师们必备的技能之一。本章从 Android 系统的界面设计规范开始介绍，对各种屏幕像素密度中的栏、文字、按钮、可点击区域等进行详细的分析，使读者深入了解 Android 系统界面设计的技巧和方法。

5.1 制作 Android 系统手机界面模板

完成效果

制作 Android 系统手机界面模板，完成效果如图 5-1 所示。

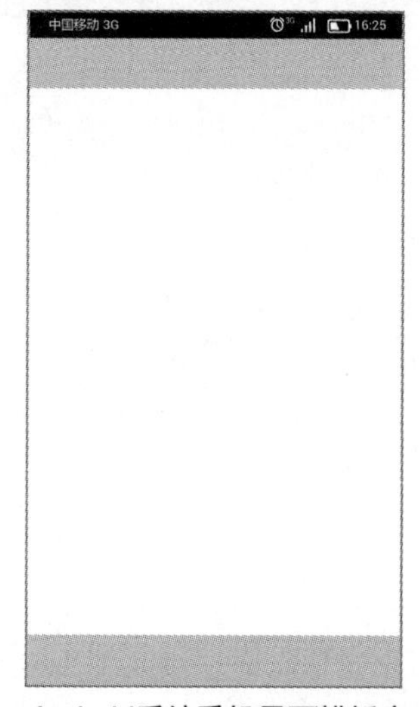

图5-1 Android系统手机界面模板完成效果

案例分析

Android 系统对于手机界面尺寸、栏高、字体、字号等有着自己独有的规范，在制作 Android 系统手机界面模板之前，首先来系统了解一下 Android 系统手机界面设计规范。

5.1.1 Android 系统手机界面设计概述

参考视频：Android系统手机界面设计（1）

参考视频：Android系统手机界面设计（2）

Android 一词的本义指“机器人”。Android 系统是由 Google 在 2007 年发布的一款基于 Linux 平台的开源操作系统，各个版本的 LOGO 如图 5-2 所示。

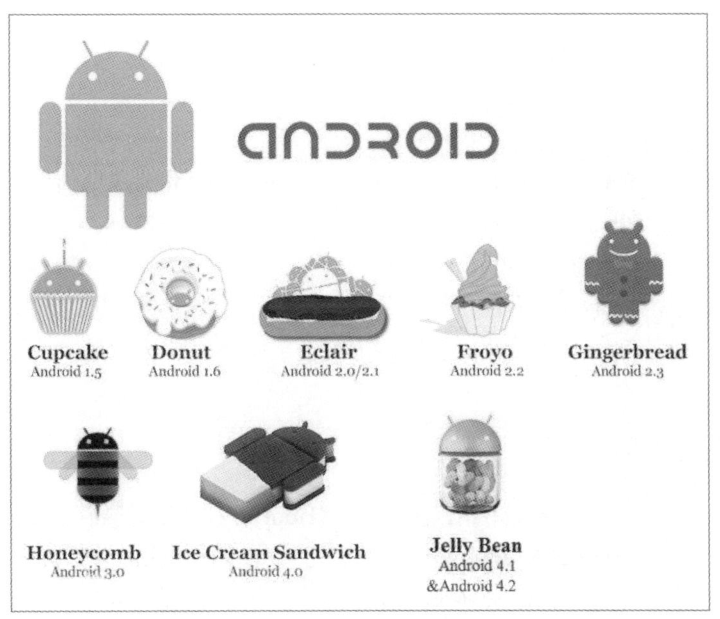

图5-2　Android系统各个版本的LOGO

随着时代的发展，Android 系统从手机端，逐步扩展到了智能电视、便携式平板电脑、车载电脑等设备上使用，如图 5-3 所示。凭借价格上的优势，以及产品的多样化，Android 系统在人们的生活中随处可见，常见的 Android 系统手机品牌有华为、小米、OPPO、荣耀等，如图 5-4 所示。Android 系统手机以其独特的外观、亲民的价格吸引了大量消费者购买。

图5-3　各式各样的Android系统设备

图5-4　常见Android系统手机品牌

5.1.2 Android 系统手机的设计尺寸与常见术语

目前市面上有各式各样的智能手机，Android 系统的智能手机凭借其多样的界面尺寸和外观优势吸引着众多用户的目光。现阶段，Android 系统手机常见的界面尺寸有 480px×800px、720px×1280px、1080px×1920px 等。面对如此之多的 Android 系统的界面尺寸，设计师在设计和制作的时候该如何选择呢？

在实际项目中，设计师并不会为每种分辨率单独设计一套界面。大多数情况下，都是在主流界面尺寸的基础上进行设计，然后再为了适配其他尺寸进行放大或缩小。

经验分享

在实际工作中，推荐使用 XHdpi 或 XXHdpi 两种屏幕像素密度进行设计，如图 5-5 所示，即将画布新建为 720px×1280px 或 1080px×1920px，分辨率使用 72 像素/英寸；也可以根据测试机的实际尺寸进行设计，以方便预览和观看。

图5-5 常见Android系统手机设计尺寸

在手机界面设计中，设计师会接触到各种各样的“单位”，这些都需要设计师了解和熟悉，在以后日常工作的沟通中就不会出现由于不理解而导致的概念错误或歧义。

➢ dp（dip，device independent pixel，设备独立像素）

设计师在使用 Photoshop 设计和制作界面的时候，接触到的单位都是 px（像素）。而程序员在进行 App 开发的时候，却是以 dp（也可写为 dip）为单位的。dp 是虚拟像素单位，是一种基于屏幕像素密度的抽象单位。一张 100dp×100dp 的图片，在 320px×480px 和 480px×800px 的手机上“看起来”一样大，但实际上，它们的像素值并不一样。dp 描述的是这样一个尺寸，不管屏幕像素密度是多少，屏幕上相同 dp 大小的元素看起来始终差不多大。

设计师要熟知 px 与 dp 之间的换算关系，为今后的切图和标注工作做好准备。

当分辨率为 720px×1280px 时，屏幕像素密度为 320ppi，1dp=2px；

当分辨率为 1080px×1920px 时，屏幕像素密度为 480ppi，1dp=3px。

➢ sp（scale-independent pixel，与刻度无关的像素）

sp 和 dp 非常相似，是用于定义文字大小的单位，它是为了能够自适应屏幕像素密度和用户的自定义设置而存在的，程序员在对文字大小进行设定的时候，使用的单位都是 sp。

当分辨率为 720px×1280px 时，1dp=2sp；

当分辨率为 1080px×1920px 时，1dp=3sp。

5.1.3　Android 系统中的栏

手机 App 的界面往往存在很多种栏，如图 5-6 所示。每种栏都有自己特有的名字和属性，所包含的元素和实现的功能也各不相同，尺寸上也有着一定的差异。

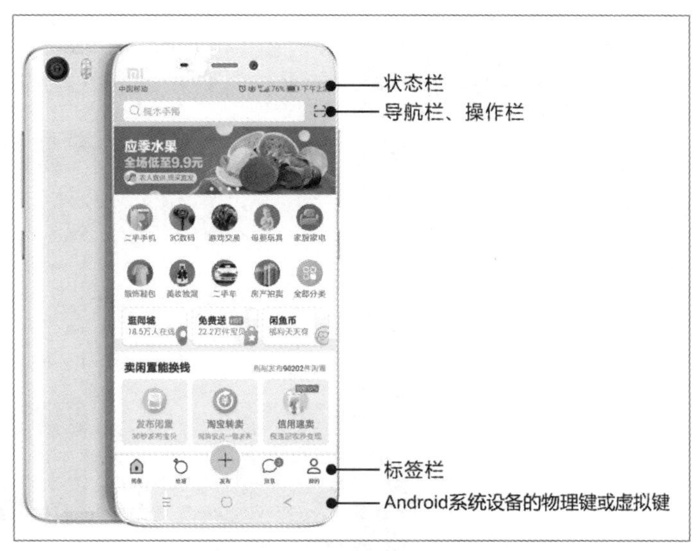

图5-6　Android系统中的栏

1. 状态栏

状态栏出现在屏幕顶端，一般显示网络情况、时间、电量、信号强弱、通知等信息，如图 5-7 所示。在设计沉浸型应用（如视频、游戏）的时候，为了增强用户体验，可以将状态栏隐藏起来，但隐藏之后的状态栏要能实时显示出来。

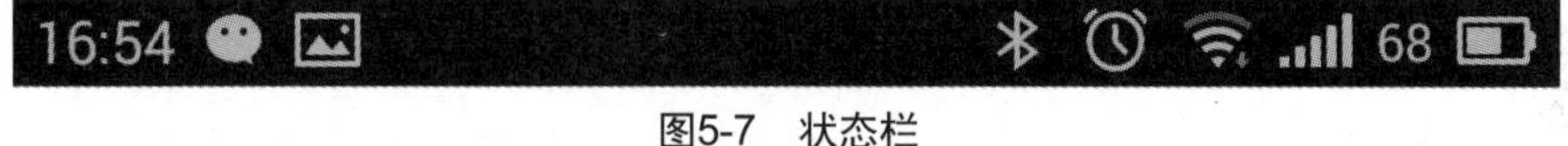

图5-7　状态栏

2. 操作栏（导航栏）

操作栏通常起到导航、切换视图和操作菜单等作用，包括应用图标、下拉列表控件（用来快速切换视图）和溢出（更多）按钮，如图 5-8 所示。

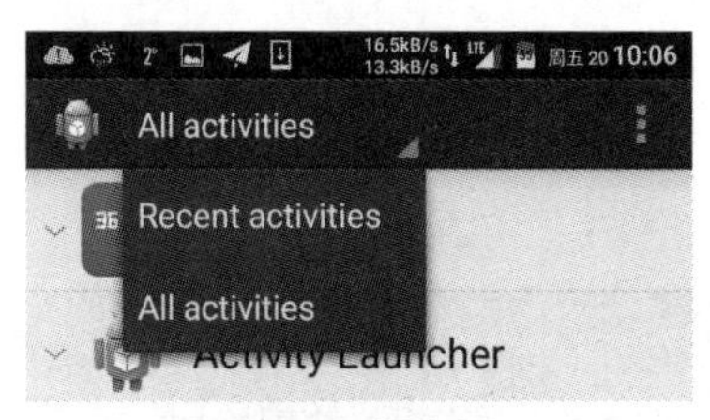

图5-8　操作栏

注意

当下拉列表控件中的类目较多时，可以使用侧边栏展开，如图 5-9 所示。

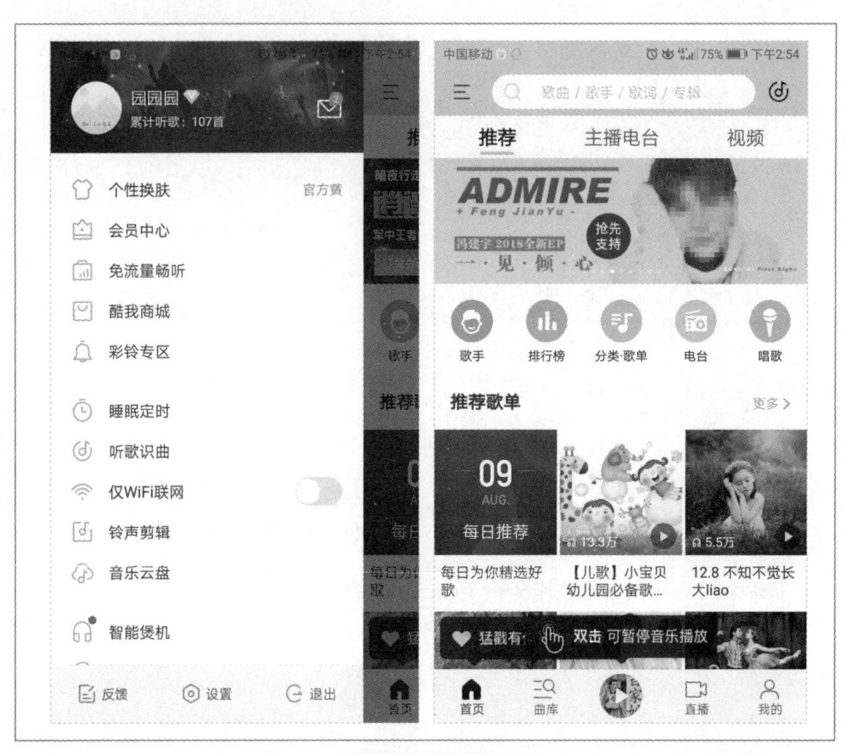

图5-9 侧边栏

3. 标签栏

标签栏提供整个应用中分类内容的快速跳转，如图 5-10 所示。

图5-10 标签栏

4. 虚拟键

Android 系统设备的物理键或虚拟键，如图 5-11 所示。

图5-11 虚拟键

5．栏高

常用 Android 系统界面中的栏高如表 5-1 所示。

表 5-1　Android 系统各分辨率下的栏高

设备的屏幕像素密度	屏幕大小	状态栏高度	导航栏高度	标签栏高度
XHdpi	720px×1280px	50px	96px	96px
XXHdpi	1080px×1920px	75px	144px	144px

Android 系统中控件的高度都支持自定义设置，所以并没有严格的尺寸限制。设计师在实际设计工作中，可以根据项目需求和布局规划自行对栏高进行定义。

5.1.4　Android 系统中的按钮与可点击区域

Android 系统中的按钮与可点击区域在尺寸上也没有严格的规定，设计师可以自行设计与制作，但是要考虑用户手指接触屏幕的最小可点击区域。因此，设计师要确保 Android 系统中的按钮与可点击区域不得小于 48dp，而每个 UI 元素之间的空白间隔建议采用 8dp。

经验分享

一般来说，把 48dp 作为可触摸的 UI 元素的标准：

换算到 XHdpi 中，48dp=96px；

换算到 XXHdpi 中，48dp=144px。

设计师还要考虑对不同尺寸的 Android 系统手机屏幕的适配，因此建议所有的按钮与可点击区域的尺寸采用 4 的倍数，如图 5-12 所示。

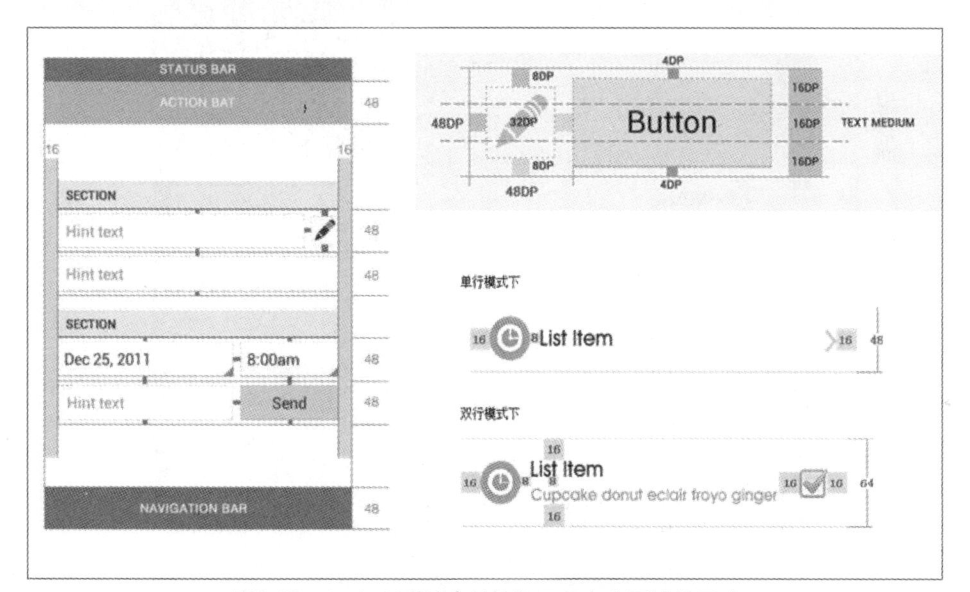

图5-12　Android系统中的按钮及可点击区域的尺寸

5.1.5 建立适合 Android 系统的网格系统

由于 Android 系统手机存在多种屏幕像素密度，所以设计师在设计与制作界面的过程中，要牢记各屏幕像素密度之间的差异，熟知它们之间的换算规则，保证所有或者大部分屏幕控件和元素都采用双数。那么在 Photoshop 中新建画布之后，建立合适的网格系统就变得尤为重要了。

建立网格系统的方法：编辑—首选项—参考线、网格和切片，如图 5-13 所示。

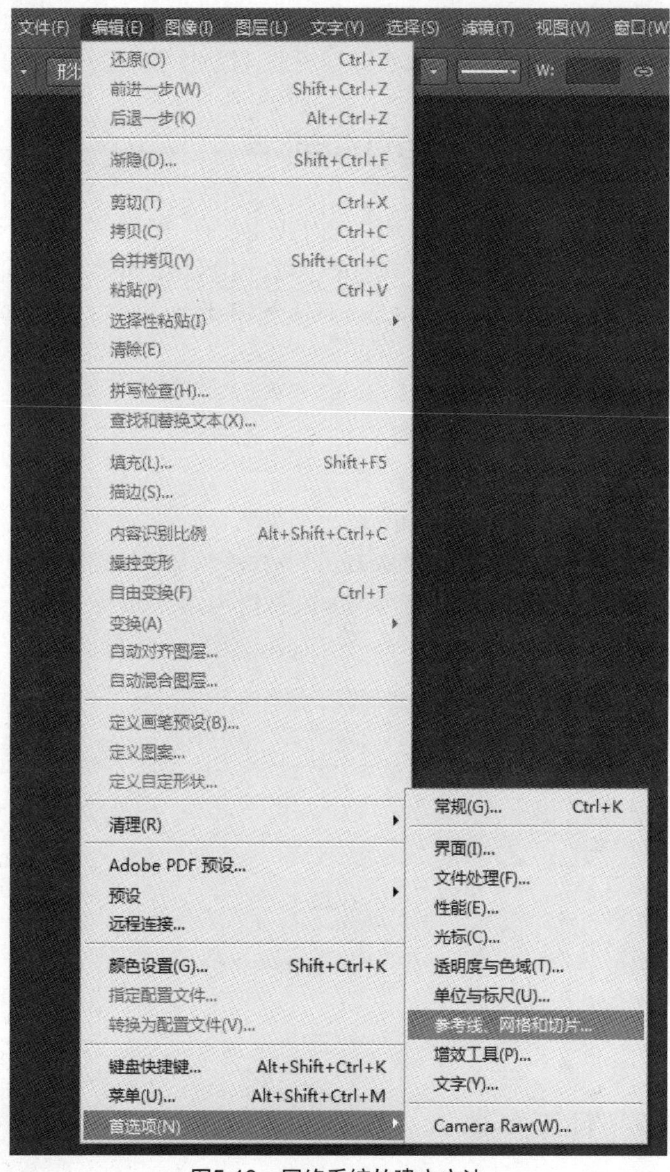

图5-13 网络系统的建立方法

以 XXHdpi 为例，其屏幕尺寸为 1080px×1920px，建议的导航栏高度为 144px，标签栏高度为 144px。由于在 XXHdpi 中，1dp=3px，所以最小间隔为 8dp=24px，最小可点击区域为 48dp=144px。设计师可以建立以 24px 为基准的网格系统，如图 5-14 所示，对参考线进行详细的设置。

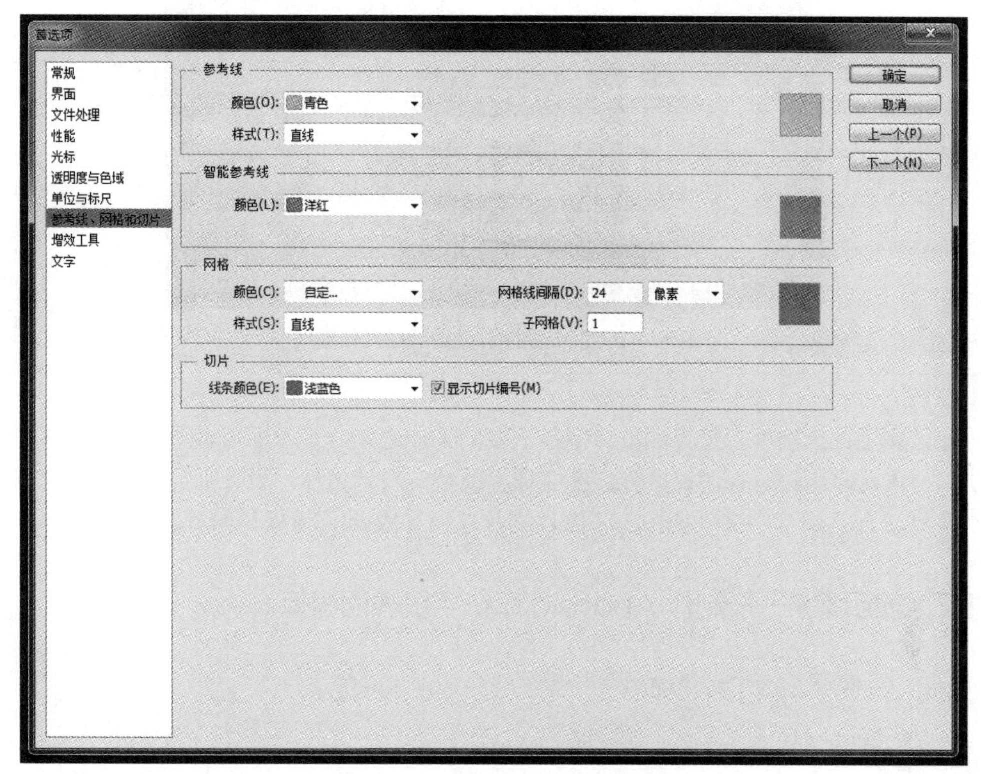

图5-14　在XXHdpi中建立网格系统

5.1.6　Android 系统中的字体与字号

使用默认字体可以让界面看起来更加专业和美观，App 的体积也会更小。Android 系统支持内嵌字体，即设计师可以使用其他字体来进行设计，不过在设计的时候要考虑字体文件的大小。

经验分享

一般而言，中文字体体积比较大，占据更大的空间，并不建议内嵌使用。如果项目需求表述确实需要更具个性化的文字来彰显界面视觉风格，可以考虑对使用非系统字体的文字进行切图处理，将它们切成一张张的图片，也可以达到相同的效果，如图 5-15 所示。

通常一个应用只使用一种或两种字体，包括它们的不同样式（粗体、斜体等）。太多字体的混合使用会让界面看上去凌乱且不可靠。另外需要注意的是，不同的字体，同样是 12 号字，显示的大小可能也会不一样。

图5-15　对特殊字体部分进行图片化处理

保证文字的识别度，是界面设计中最重要的工作之一。设计师可以通过文字的颜色、大小、所占比重来进行强调和区分。在完成界面视觉设计之后，设计师需要将动态文字的大小换算成 sp，将静态文字切图，将图片的尺寸换算成 dp，再提供给程序员使用。

5.1.7　演示案例——制作 Android 系统手机界面模板

制作 Android 系统手机界面模板，完成效果如图 5-1 所示。

实现步骤

（1）新建 1080px×1920px 的画布，分辨率设置为 72 像素/英寸。

（2）使用矩形工具绘制黑色的状态栏（高度 75px），并绘制其中的文字和图标，效果如图 5-16 所示。

（3）使用矩形工具分别绘制出导航栏和标签栏，高度为 144px。效果如图 5-17 所示。

图5-16　绘制状态栏

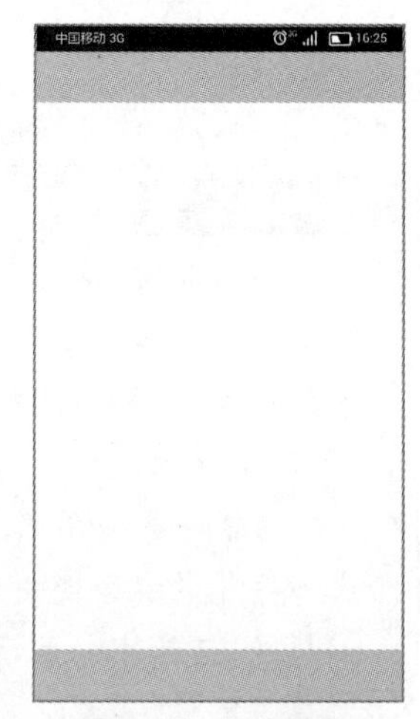

图5-17　完成效果

5.2 制作 Android 系统手机 UI 套件

完成效果

制作 Android 系统手机 UI 套件，完成效果如图 5-18 所示。

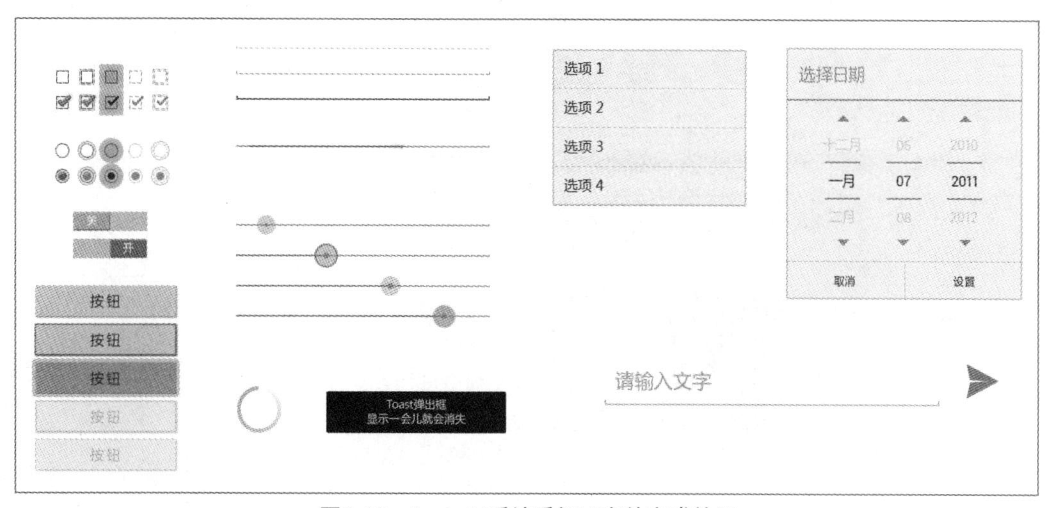

图5-18　Android系统手机UI套件完成效果

案例分析

Android 系统手机界面上显示的元素称为控件，在设计和制作 Android 系统手机 UI 套件之前，首先了解一下常见的 Android 系统控件以及它们的设计方法。

5.2.1 Android 系统的手机控件

常见的 Android 系统的手机控件有文本输入/输出控件、按钮、滑块、选择控件、对话框和 Toast、活动指示器和进度条等。下面逐一对上述控件进行详细的讲解。

1. 文本输入/输出控件

文本信息是最为常见的界面元素之一，根据是否可由用户进行编辑分为文本输出和文本输入。文本输出使用户只能查看内容而不能进行修改，文本输入则可以由用户进行修改。Android 系统的文本输出控件和文本输入控件如图 5-19 所示。

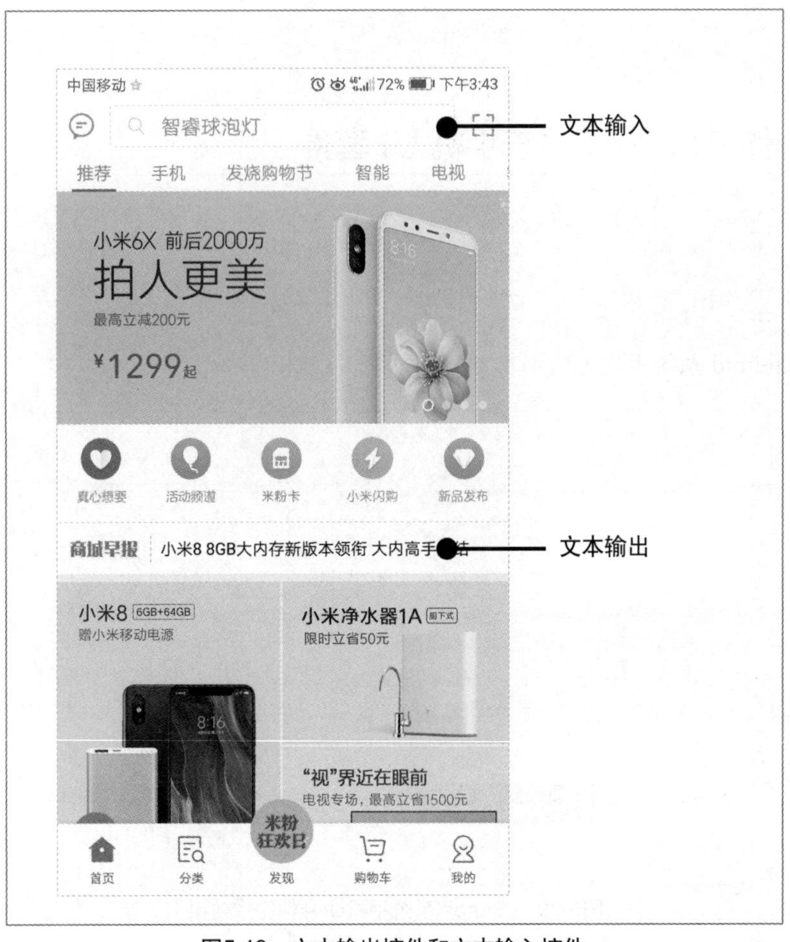

图5-19　文本输出控件和文本输入控件

默认的 Android 系统文本输入控件有一个两头翘起的横线设计，当用户使用输入控件，输入控件被激活的时候，控件会高亮显示，如图 5-20 所示。

图5-20　Android系统的文本输入控件

经验分享

文本输入控件与键盘的关系密不可分。在 Android 系统中可以通过设置控件的属性来控制弹出的键盘类型。一般来说，当用户使用文本输入控件时会自动弹出键盘，如图 5-21 所示。

图5-21　自动弹出键盘

2. **按钮**

按钮是界面上最常见的控件之一，通常出现在界面的内容区和各种栏中。Android 系统中默认的按钮状态为直角样式，在设计按钮的时候还要记得提供按钮的其他各个状态的样式，如图 5-22 所示。

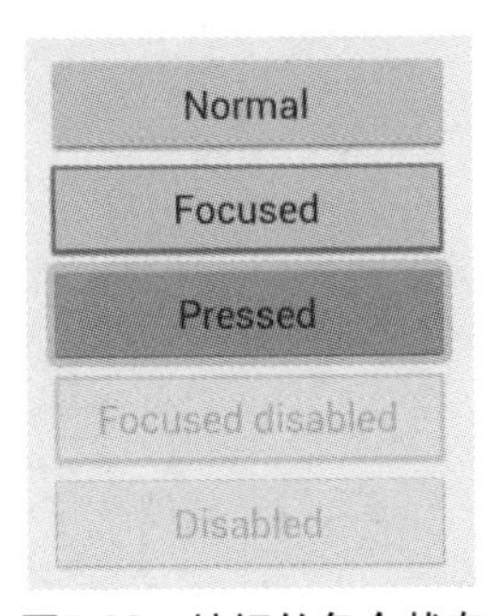

图5-22　按钮的各个状态

说明

Normal：常态，按钮的“普通状态”。

Focused：聚焦状态，当前保持选中按钮的状态。

Pressed：点击状态，点击按钮时的状态。

Focused disabled：按钮在聚焦下的不可点击状态。

Disabled：按钮的不可点击状态。

3. 滑块

滑块经常出现在媒体播放器类应用中，用于显示和控制播放进度，如图 5-23 所示。

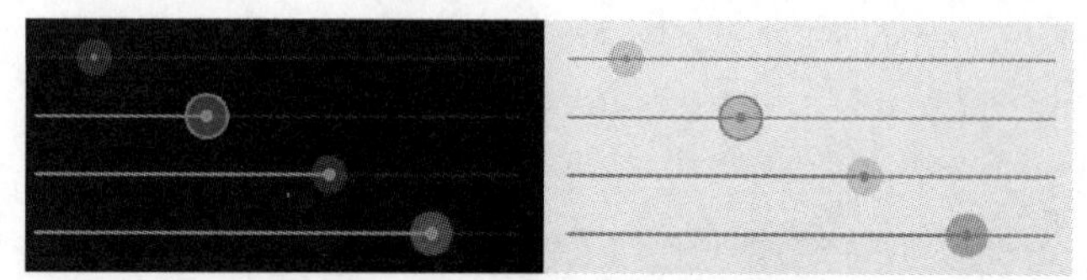

图5-23　深色和浅色主题下的滑块

4. 选择控件

设计师在设计 App 时，尽量不要让用户频繁地输入。减少用户输入的有效方法就是使用选择控件。常见的选择控件包括二选一控件（开关控件）、单选控件（单选框）、多选控件（复选框），以及拾取器（Picker）等，如图 5-24 和图 5-25 所示。

图5-24　常见的选择控件

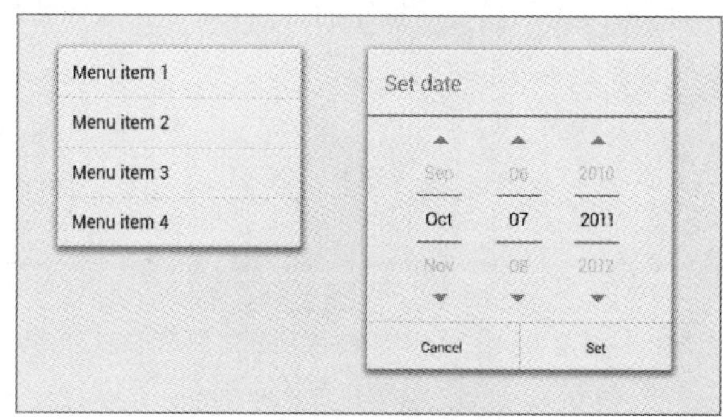

图5-25　拾取器

二选一的情况除了可以使用开关控件来表示，也可以使用单个复选框来表示。

单选控件中同一组的选项之间是相互排斥的，用户只能从中选择一个，不能多选。用户选择其中一个的时候，其他选项就会被弹起。单选控件也被形象地称为收音机按钮，即按下一个，其余的都会弹起。

拾取器是已经封装好的选择控件。用户选择时间和日期的时候，可以采用时间拾取器和日期拾取器。用户选择普通信息时，则可以使用普通拾取器。在 Android 系统中，拾取器也可以通过下拉列表（下拉菜单）来表示。

5. 对话框和 Toast

Android 系统中能起到给用户提示作用的控件有两个：对话框和 Toast。

对话框可以根据需要进行选择，可以是不带标题的或带标题的，也可以带有 1～3 个按钮。对话框中可以放置很多其他控件，如文本、滑块、选择控件等，如图 5-26 所示。

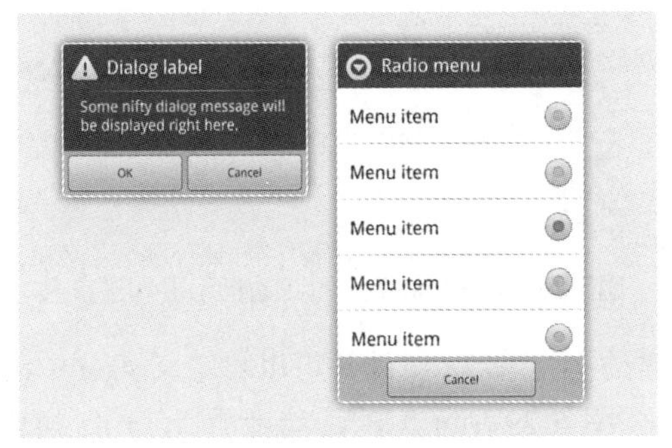

图5-26　对话框

注意

通常在需要两个按钮的情况下，确定操作的按钮在右边，取消操作的按钮在左边。

Toast 是 Android 系统提供的一种不需要用户进行操作的提示性控件。Toast 不具备任何按钮形态，它出现一会儿之后就会自动消失，如图 5-27 所示。

图5-27　Toast

6. 活动指示器和进度条

等待是一件让人很烦恼的事情。当 App 开始运转之后，到底会等候多长时间是用户最关心的一个问题。活动指示器和进度条的作用就是用来将任务进行的情况及时反馈给用户的。

活动指示器是在不能确定任务进度的情况下使用的，只要它一直在动，就说明任务尚未完成。Android 系统的活动指示器一般使用一个圆圈来表示。进度条则是在能够预见任务进度的情况下使用的。活动指示器和进度条如图 5-28 所示。

图5-28　Android系统的活动指示器和进度条

为了减少用户等待时的不良情绪，设计师可以自定义 App 中活动指示器的样式。美团、百度糯米 App 界面中（如图 5-29 所示）的活动指示器使用了可爱的卡通形象，减少了用户等待时可能产生的烦躁心理。

图5-29　美团、百度糯米App界面的活动指示器

5.2.2　演示案例——制作 Android 系统手机 UI 套件

制作 Android 系统手机 UI 套件，最终效果如图 5-18 所示。

实现步骤

本案例需要制作的 Android 系统手机 UI 套件包括文本输入/输出控件、按钮、滑块、选择控件、对话框和 Toast、活动指示器和进度条等控件。

（1）首先确定控件普通状态下的颜色为灰色，高亮显示时为蓝色，如图 5-30 所示。

（2）使用钢笔工具和形状工具绘制选择控件，注意要考虑选择控件的各个状态，效果如图 5-31 所示。

图5-30　确定控件的整体颜色　　图5-31　绘制选择控件

经验分享

由于用户是使用手指进行操作的，所以点击状态的样式在设计上要更加明显，否则由于手指的覆盖，微弱的变化将不能被用户轻易察觉。

（3）使用钢笔工具和形状工具绘制按钮，注意要考虑按钮的各个状态，效果如图 5-32 所示。

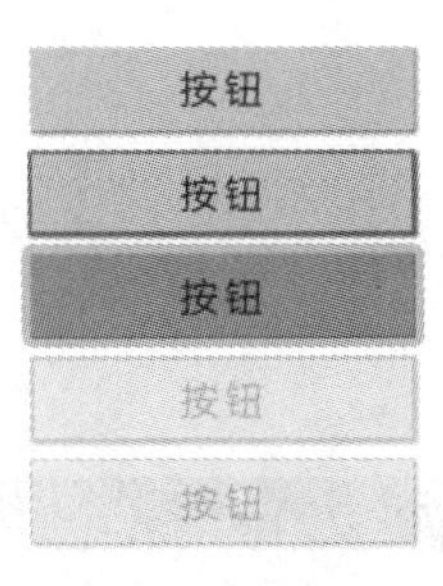

图5-32　绘制按钮

（4）使用同样的方法绘制其他控件，最终效果如图 5-33 所示。

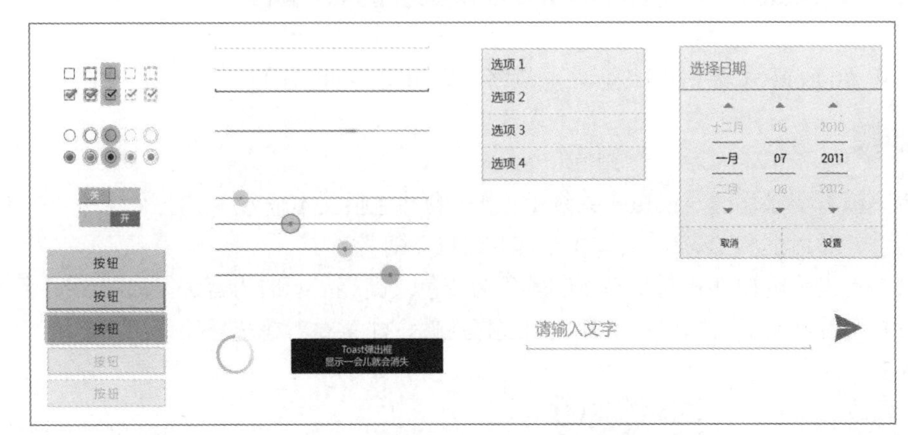

图5-33 最终效果

经验分享

设计师在考虑控件各个状态的基础上，还要兼顾控件之间风格的一致性。

5.3 制作 Android 系统邮箱界面

完成效果

Android 系统邮箱界面的效果如图 5-34 所示。

图5-34 Android系统邮箱界面的最终效果

案例分析

熟悉了 Android 系统中的控件，如何在界面上摆放控件成为设计的重中之重。在设计之初，我们首先来了解一下常见的 Android 系统界面的布局。

5.3.1　Android 系统界面中的列表和网格

列表和网格是能够包含其他控件的内容视图。实际上，它们都能够被看作是一种布局的方式。列表是只能显示一列的内容视图，而网格则是可以显示多列多行的内容视图，如图 5-35 所示。

图5-35　列表和网格

1. Android 系统中的列表

Android 系统中的列表视图主要有两种表现形式：普通列表视图和分组列表视图。

普通列表视图中每个列表的项目都比较简单，且没有层次。分组列表视图则包含了组的概念。如图 5-36 所示，在常用设置界面中使用了普通列表视图，在全部设置界面中则使用了分组列表视图。

2. Android 系统中的网格

网格视图因为要包含纵向和横向的内容，所以更多应用在屏幕较大的平板电脑上。图 5-37 所示的音乐 App 中就使用了网格视图。

图5-36　常用设置界面和全部设置界面

图5-37　音乐App采用了网格视图

5.3.2　演示案例——制作 Android 系统邮箱界面

制作 Android 系统邮箱界面，最终效果如图 5-34 所示。

实现步骤

（1）新建 1080px×1920px 的画布，分辨率设置为 72 像素/英寸。

（2）拖曳辅助线，使用矩形工具将界面的主要部分区分开来，效果如图 5-38 所示。

图5-38　界面布局

（3）使用形状工具配合钢笔工具绘制头部区域，为图层增加投影图层样式以增加立体感，使用微软雅黑字体输入文字，效果如图 5-39 所示。

图5-39　制作头部区域

（4）使用钢笔工具绘制小图标，输入文字，效果如图 5-40 所示。

图5-40　绘制侧边栏

经验分享

对条目分组可以有效地将零散的文字进行归类，使用深浅不一的灰色和大小不同字号可以区分内容权重的大小。

（5）在侧边栏下方使用半透明的黑色图层遮罩，可以强调侧边栏与主界面之间的前后关系，补充界面的其他部分，最终效果如图 5-41 所示。

图5-41　邮箱界面完成效果

彩色效果图

本章总结

- Android 系统是 Google 公司于 2007 年发布的一款基于 Linux 平台的开源操作系统。
- Android 系统手机常见的界面尺寸有 480px×800px、720px×1280px、1080px×1920px 等。在实际工作中，推荐使用 XHdpi 或 XXHdpi 的尺寸进行设计，即画布新建为 720px×1280px 或 1080px×1920px，分辨率使用 72 像素/英寸。设计师也可以根据测试机的实际尺寸进行设计，这样更方便预览和观看。
- Android 系统手机常见的栏有状态栏、导航栏、标签栏、物理键盘或虚拟键盘。
- 常见的 Android 系统手机控件有文本输入/输出控件、按钮、滑块、选择控件、对话框和 Toast、活动指示器和进度条等。

本章作业

1．简述 Android 系统中 dp 与 sp 的区别与联系。

2．简述屏幕像素密度为 XHdpi 与 XXHdpi 的 Android 系统智能手机中，状态栏、导航栏以及标签栏所对应的高度。

3．简述活动指示器与进度条的区别是什么。

第 6 章

iOS 系统 UI 设计规范

本章目标

- ❖ 掌握 iOS 系统手机界面设计规范
- ❖ 掌握 iOS 系统手机界面中控件的设计技巧
- ❖ 掌握 iOS 系统手机界面中视图的设计技巧

本章简介

iPhone 在国内的智能手机市场占据了相当大的份额，其使用的是由苹果公司自行开发的 iOS 系统。iOS 系统以其运行稳定、界面简洁美观，受到众多用户的青睐。如何设计出符合 iOS 系统设计规范的手机界面，成为 UI 设计师们的必修课。本章主要介绍 iOS 系统手机的设计尺寸与常见术语，iOS 系统中的栏，iOS 系统的按钮与可点击区域，iOS 系统字体与字号，iOS 系统的手机控件，iOS 系统手机界面元素以及元素的设计规范和制作技巧。

6.1 制作 iOS 系统手机界面模板

完成效果

制作 iOS 系统的手机界面模板，完成效果如图 6-1 所示。

图6-1　iOS系统的手机界面模板完成效果

案例分析

众所周知，iOS 系统是由苹果公司开发的手持设备操作系统，最初是应用到 iPhone 中的，随着技术发展陆续应用到 iPod touch、iPad 以及 Apple TV 等苹果系列产品上。iOS 系统所占市场份额仅次于 Android 系统，是目前世界第二大手机软件操作系统。iOS 系统有着严格的要求和规范，在制作 iOS 系统手机界面模板之前，首先来了解一下 iOS 系统手机设计规范。

6.1.1　iOS 系统手机设计概述

参考视频：iOS系统手机界面设计（1）

参考视频：iOS系统手机界面设计（2）

iOS 系统的操作界面精致美观，系统运行稳定可靠，应用程序简单易用，受到全球众多用户的青睐。图 6-2 所示为 iPhone 的型号迭代。

图6-2　iPhone的型号迭代

6.1.2　iOS 系统手机的设计尺寸与常见术语

现阶段常见的 iOS 系统手机界面尺寸有 320px×480px、640px×960px、640px×1136px、750px×1334px、1242px×2208px 等。设计师并不需要为每种分辨率都单独设计一套 UI 界面，在大多数情况下，都是在主流尺寸的基础上进行设计，然后再与其他尺寸进行适配。

经验分享

在实际工作中，设计师可以使用 750px×1334px 的尺寸进行设计，分辨率使用 72 像素/英寸。图 6-3 所示为 iOS 系统手机界面尺寸设计大小及分辨率。

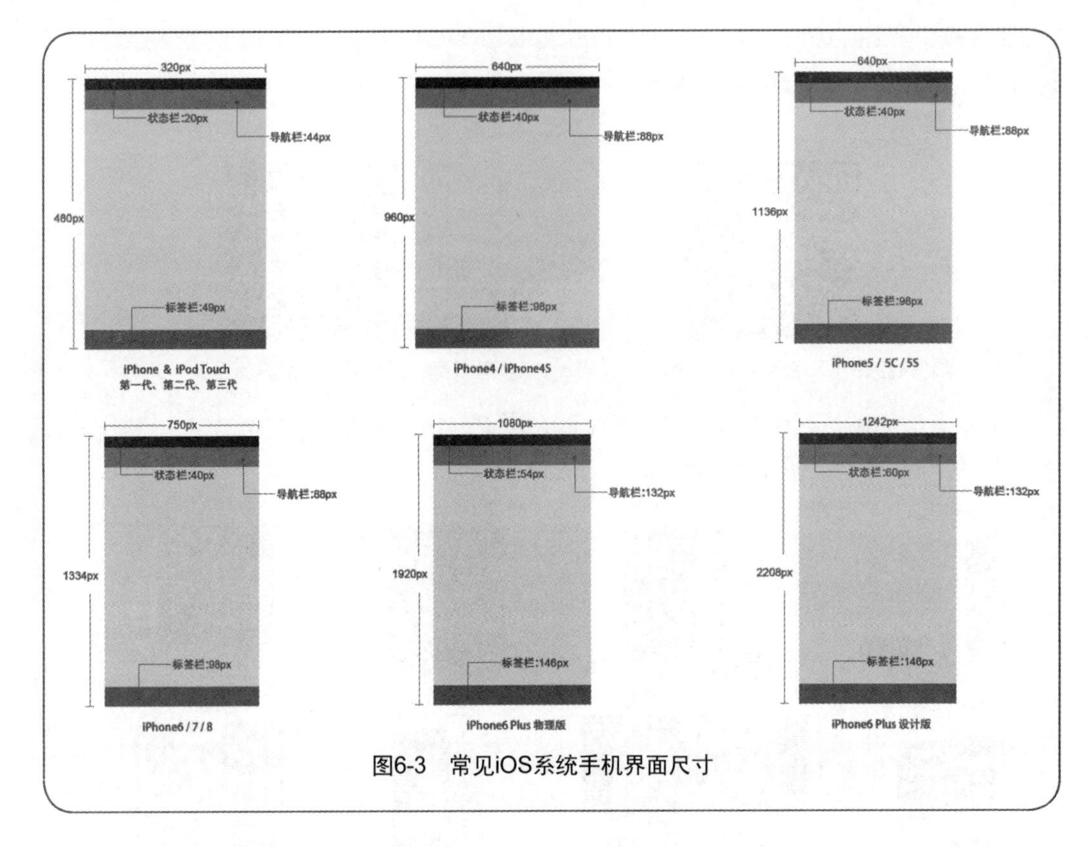

图6-3 常见iOS系统手机界面尺寸

为方便预览和观看，设计师也可以根据测试机的实际尺寸进行设计。

在 iOS 系统设计规范中，存在一些特殊的“单位”需要设计师牢记。

➢ Retina 屏

Retina 屏也被称为视网膜显示屏，它是把更多的像素点压缩到一块屏幕中，以此来提高显示屏幕的分辨率和细腻程度。iPhone 4 以后的苹果手机屏幕大都使用 Retina 屏。

表 6-1 所示为 iOS 系统手机设计尺寸与屏幕分辨率的列表。

表 6-1 iOS 系统手机设计尺寸与屏幕分辨率

iPhone 型号	设计尺寸	屏幕分辨率
iPhone 2/3G/3GS	320px×480px	@1X 分辨率
iPhone 4/4S	640px×960px	@2X 分辨率
iPhone 5/5S/SE	640px×1136px	@2X 分辨率
iPhone 6/6S/7/8	750px×1334px	@2X 分辨率
iPhone 6Plus/6S Plus/7 Plus/8 Plus	1242px×2208px	@3X 分辨率
iPhone X	1125px×2436px	@3X 分辨率

注：@1X，@2X，@a3X 是 iOS 系统开发中用来统一不同分辨率的尺寸而标注的。数字 1，2，3 表示分辨率的倍数。@1X 应用在非 Retina 屏的 iPhone 设备中；@2X 应用在 iPhone 4/4S/5/5C/5S/6 设备中；@3X 专门应用于 iPhone 6 Plus 中。

➢ pt

pt 即独立像素，它是 iOS 系统中特有的长度单位。pt 不随屏幕像素密度发生变化（和日常接触到的 mm、cm 是类似的长度单位，只是它要小得多）。

和 Android 系统中的长度单位 dp 非常相似，iOS 系统中的长度单位 pt 也和 px 存在一定的换算关系。设计师一定要牢记这些换算关系，以方便后期设计时对界面进行标注。表 6-2 所示为常见 iOS 系统手机型号中 pt 与 px 的换算关系。

表 6-2　常见 iOS 系统手机型号中 pt 与 px 的换算关系

iPhone 型号	换算关系
iPhone 2/3G/3GS	1px=1pt
iPhone 4/4S	1pt=2px
iPhone 5/5S/SE	1pt=2px
iPhone 6/6S/7/8	1pt=2px
iPhone 6Plus/6SPlus/7Plus/8Plus	1pt=3px
iPhone X	1pt=3px

6.1.3　iOS 系统中的栏

iOS 系统手机界面中的栏主要有状态栏、导航栏、标签栏、工具栏。每个栏都有自己独特的外观、功能和行为，与 Android 系统中的栏功能大致相同，只是相较于 Android 系统中各个栏的高度可以自定义，iOS 系统有着更为严格的规定。

1．状态栏

状态栏显示在屏幕的最上方，包含信号、运营商、电量等信息，如图 6-4 所示。当运行游戏程序或全屏观看媒体文件时，状态栏会自动隐藏。在 750px×1334px 的手机界面尺寸中，状态栏的高度为 40px。

图6-4　状态栏

2．导航栏

导航栏位于屏幕顶部，分为左、中、右三个区域。左右区域用于放置控件，中间区域一般放标题。导航栏主要用于树形结构导航和模态视图中。在 750px×1334px 的手机界面尺寸中，导航栏的高度为 88px。在树形结构导航中，导航栏如图 6-5 所示。

3．标签栏

标签栏又称菜单栏，通常位于屏幕底部，用来实现标签导航以及应用中功能模块的切换，如图 6-6 所示。在 750px×1334px 的手机界面尺寸中，标签栏的高度为 98px。

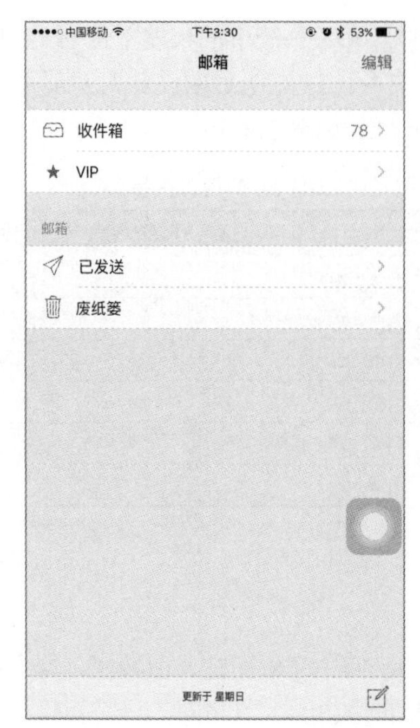

图6-5 导航栏

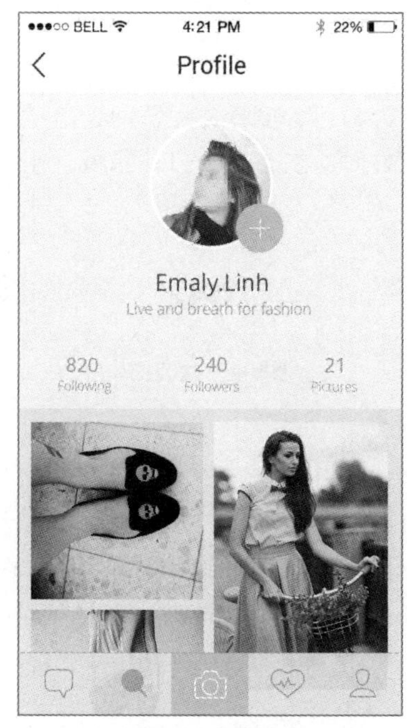

图6-6 标签栏

4. 工具栏

工具栏主要用于当前屏幕中的操作处理，没有导航和屏幕跳转功能。在 iPhone 中，工具栏一般位于屏幕底部，如图 6-7 所示；在 iPad 中，工具栏一般位于屏幕顶部，如图 6-8 所示。在 750px×1334px 的手机界面尺寸中，工具栏的高度为 88px。

图6-7 iPhone自带“邮件”的工具栏

图6-8 iPad邮件应用的工具栏

经验分享

工具栏和标签栏的区别。工具栏关注的是当前界面的操作，它的操作过程中没有屏幕的切换；而标签栏关注的是整体导航，有屏幕的切换。在 iOS 系统中，如果同时需要工具栏和标签栏，那么受屏幕大小的限制最好适时地隐藏标签栏。

表 6-3 所示为主流 iPhone 尺寸下的栏高。从表 6-3 中可以看出：iPhone 6 与 iPhone 5 的状态栏、导航栏、标签栏的高度完全一致，只是在整体区域和中心区域上存在差异，所以设计师针对这两种尺寸进行界面设计时，在栏高上可以没有差别。

表 6-3　iOS 系统各分辨率下的栏高

iPhone 型号	设计尺寸（px）	状态栏（px）	导航栏（px）	标签栏（px）
iPhone 2/3G/3GS	320×480	20	44	49
iPhone 4/4S	640×960	40	88	98
iPhone 5/5S/SE	640×1136	40	88	98
iPhone 6/6S/7/8	750×1334	40	88	98
iPhone 6Plus/6SPlus/7Plus/8Plus	1242×2208	60	132	147
iPhone X	1125×2436	132	132	249

6.1.4　iOS 系统的按钮与可点击区域

在手机 App 界面中，最常见的控件就是按钮。在 iOS 系统手机 App 界面设计标准中，并没有对按钮的尺寸进行严格的规定。但对于触屏设备用户而言，面积小的触控目标比面积大的触控目标更难以操纵。所以，设计师在设计时应让触控目标大到足以令用户操作自如。一般最小的可点击区域为 22pt×22pt 左右，即在两倍屏中，44px×44px 为最小可点击区域的尺寸。

经验分享

在 Photoshop 中，一般这是 44px×44px 为最小可点击区域的尺寸，小于 44px×44px 的图片需要在周围留出足够的透明像素，如图 6-9 所示。

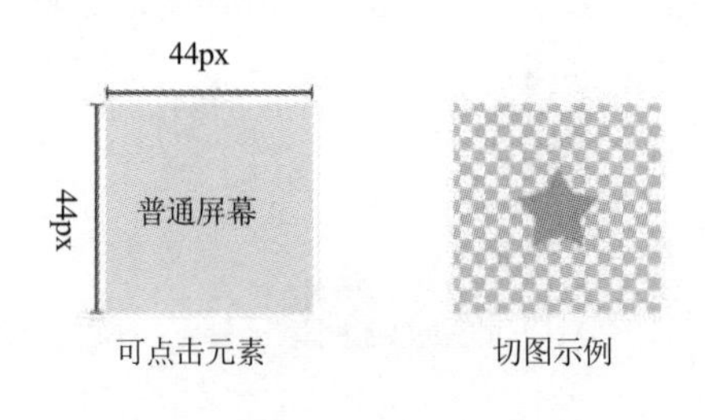

图6-9　最小可点击区域

如果确实由于空间有限，必须缩小按钮或可点击区域的尺寸，可以在增大可点击区域一条边长的前提下，适当缩减另一条边长的尺寸，以方便用户更容易地进行操作。

6.1.5　iOS 系统中的字体与字号

iOS 系统对字体有着严格的规定，设计师要按照官方标准使用，避免误用其他字体而造成不必要的麻烦。在界面中使用文字的时候，还要保证文字的识别度。

一款 App 中最好只使用一种或两种字体。同时为了适配方便，尽量使用偶数字号。设计师可以通过文字的颜色、大小、所占比重、行间距等来进行强调和区分。一个视觉舒适的手机 UI 界面，不仅字号大小对比要合适，而且各个不同界面的大小对比也要统一。

字号的响应式变化需要优先考虑内容，但并不是所有的内容都是同等重要的。当用户选择更大的字号时，目的在于使他们关注的内容更容易阅读。例如，当用户选择更大的字号时，邮件将会以更大的字号显示邮件的主题和内容，而对于没那么重要的信息（如时间和收件人），则采用较小的字号，如图 6-10 所示。

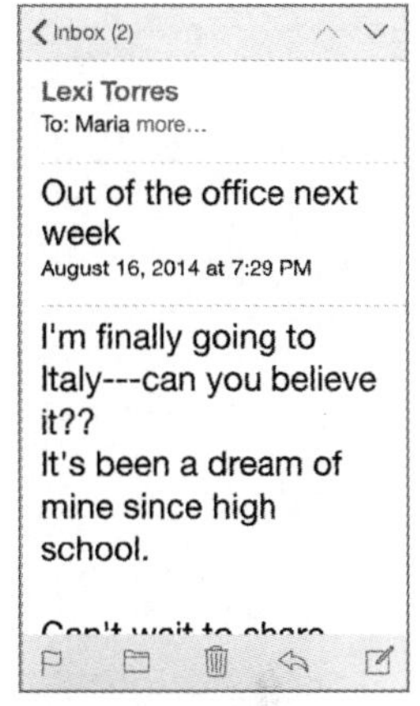

图6-10　字号的响应式变化需要优先考虑内容

经验分享

App 会自己调用字体。设计师在设计时对于中文可以使用苹方、冬青黑体、苹果丽黑等字体，对于英文可以使用 San Francisco、Helvetial 等字体。

由于系统更新，系统所支持的字体也会有所变化，因此要以官方发布为主。

6.1.6　演示案例——制作 iOS 系统手机界面模板

制作 iOS 系统手机界面模板，完成效果如图 6-1 所示。

实现步骤

（1）新建 750px×1334px 的画布，分辨率设置为 72 像素/英寸。

（2）使用矩形工具绘制白色的状态栏，高度 40px，补充显示的文字和图标。效果如图 6-11 所示。

●●●●● 中国移动 4G　　16:16　　75%

图6-11　绘制状态栏

（3）使用矩形工具绘制高度 88px 的导航栏。效果如图 6-12 所示。

图6-12 绘制导航栏

（4）绘制高度为 98px 的标签栏，整体效果如图 6-13 所示。

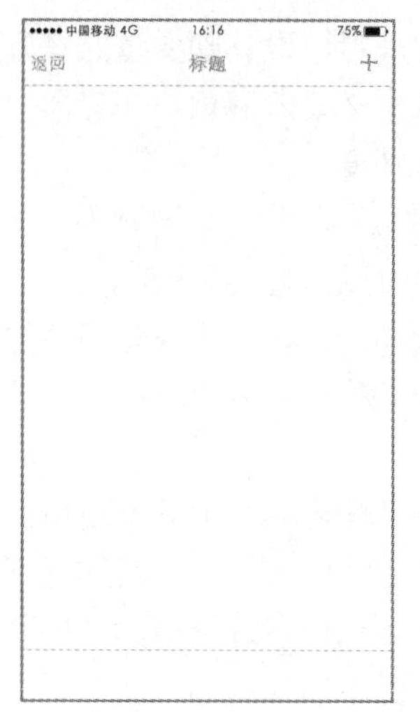

图6-13 手机界面模板完成效果

经验分享

大面积使用白色是目前 iOS 系统比较流行的做法，状态栏和导航栏之间没有明显的分界线，可以让界面看起来更清爽、空间感也更大。

6.2 制作 iOS 系统手机 UI 套件

完成效果

制作 iOS 系统手机 UI 套件，完成效果如图 6-14 所示。

案例分析

iOS 系统的手机通常比较规范、严谨，因此针对 iOS 系统进行产品设计的时候需要严格遵循尺寸和规范。在设计和制作 iOS 系统手机 UI 套件之前，首先来了解一下常见的 iOS 系统控件。

图6-14　iOS系统手机UI套件的完成效果

6.2.1　iOS 系统的手机控件

iOS 系统中常见的手机控件有文本输入/输出控件、按钮、滑块、选择控件、对话框、活动指示器和进度条等。下面逐一对上述控件进行详细的讲解。

1．**文本输入/输出控件**

与 Android 系统一样，文本在 iOS 系统的手机界面中也随处可见。设计师在视觉设计上要区分文本输入控件和文本输出控件。

文本信息是最为常见的界面元素之一。根据是否可由用户进行编辑，我们将文本信息分为文本输出和文本输入。文本输出使用户只能查看内容而不能修改，文本输入则可以由用户进行修改。iOS 系统的文本输出控件和文本输入控件如图 6-15 所示。

图6-15　iOS系统的文本输出控件和文本输入控件

iOS 系统默认的文本输入控件是一个圆角矩形，当用户使用输入控件时，输入控件被激活并且高亮显示，界面上会自动弹出键盘，如图 6-16 所示。

经验总结

设计师可以通过设置属性来实现按钮的直角效果，但要注意与整体 App 界面的视觉风格相统一。

2．**按钮**

iOS 系统和 Android 系统一样，也使用按钮控件，称为 Button。iOS 系统默认的按钮样式为圆角设计，如图 6-17 所示。

图6-16　文本输入控件被激活

图6-17　iOS系统按钮样式

3. 滑块

为了形象地表示滑块所要传达的意思，设计师可以在滑块两端增加图标。iOS 系统默认的滑块如图 6-18 所示。当然，设计师也可以通过更改属性来更换滑块的样式。

图6-18　iOS系统的滑块

4. 选择控件

在 iOS 系统中，二选一控件只有开关控件，但尽量不要使用复选框控件来表现二选一控件，看起来会不伦不类。图 6-19 所示为 iOS 系统中的开关控件。

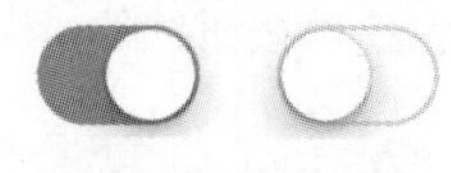

图6-19　开关控件

在 iOS 系统中，收音机按钮被称作分段控件。在每一段中可以添加文字，也可以设置图片，有时候还可以将分段控件放置在工具栏或是导航栏中，图 6-20 所示为导航栏中的分段控件。

图6-20　iOS系统分段控件

多选控件可以让用户在多个选项中进行选择，选择的个数不定。Android 系统中使用的是复选框，而 iOS 系统中是没有复选框的，但可以借助表视图为单元格加上选中标志，如图 6-21 所示。

图6-21　iOS系统使用表视图来实现多选

5. **拾取器**

常用的日期和时间拾取器有 4 种：日期、日期+时间、时间和定时器。图 6-22 所示为计时器模块中的日期和时间拾取器。

图6-22　计时器模块中的日期和时间拾取器

经验总结

普通拾取器一般用于选择比较少量的信息，而大量的列表信息在 iOS 系统中通常采用表视图。普通拾取器可以自定义拨轮的个数及内容。

6. **对话框**

iOS 系统的对话框有 3 种视图形式：警告框、操作表和分享列表。

（1）警告框。警告框是用来给用户提示信息或者让用户选择的对话框。警告框至少有一个按钮，没有按钮的警告框往往会让用户无所适从。在只有一个按钮的情况下，警告框的作用是提示用户。但在使用一个按钮的警告框时，一定要慎重。因为警告框是一种打断用户正常操作的模态视图，不管用户在做什么，它都会弹出来并显示在屏幕中央，用户体验非常不好，图 6-23 所示为应用的版本升级，只有一个按钮，用户在使用的时候会不知所措。图 6-24 所示为有两个按钮的警告框，可以让用户选择并确认，可以增强用户的友好度。

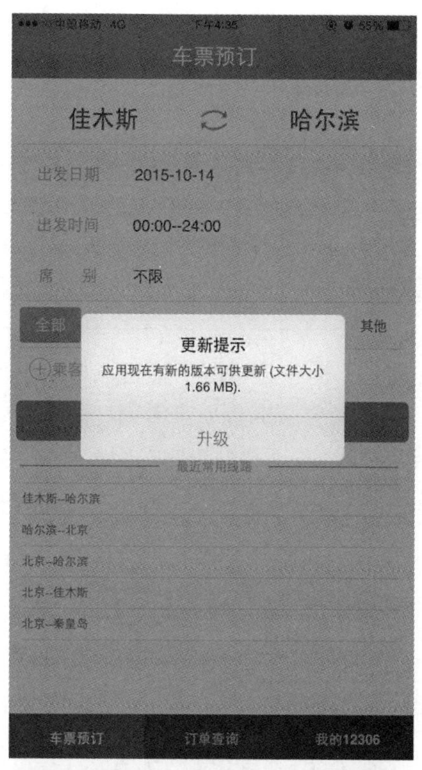

图6-23　iPhone中只有一个按钮的警告框

图6-24　iPhone中有两个按钮的警告框

经验总结

有两个按钮的警告框，按钮的位置放置有很大的学问。如果只进行没有破坏性的操作，确定性操作按钮放在右边，而取消操作按钮放在左边，这是因为右边的按钮不容易被拇指按到；如果进行的是破坏性操作（如删除等），确定性操作按钮放在左边，而取消操作按钮放在右边。

（2）操作表。警告框中通常不应该超过两个按钮，如果有更多的操作需要选择，可以采用操作表。在 iPhone 中，操作表会从屏幕下方滑出。操作表中也要有对破坏性操作的考虑，如红色的删除按钮是破坏性操作，就将它放置在最上面，如图 6-25 所示。

图6-25　iPhone中的操作表

注意

设计师应该把“取消”按钮放在最下面，以免用户误操作造成不必要的损失。

在 iPad 中，操作表并非从屏幕下方滑出，而是出现在屏幕中央，如图 6-26 所示。需要注意的是，在 iPad 中，取消按钮消失了，因为 iPad 中的取消操作是通过再次点击触发它的按钮实现的。

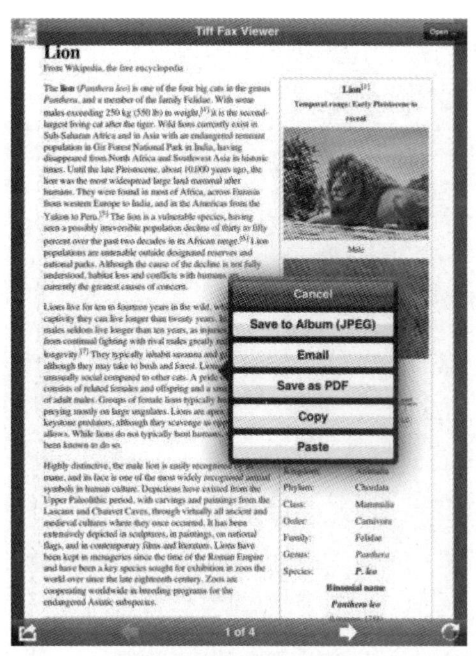

图6-26　iPad中的操作表

（3）分享列表。在 iOS 6 之前，分享操作是由操作表实现的；在 iOS 6 之后，分享操作则可以使用分享列表实现。图 6-27 所示为 iPhone 中的分享列表，它的出现形式与操作表类似，都是从屏幕下方滑出。图 6-28 所示为 iPad 中的分享列表，它应该在浮动层中出现。注意，在 iPad 中使用分享列表时，也没有取消按钮。

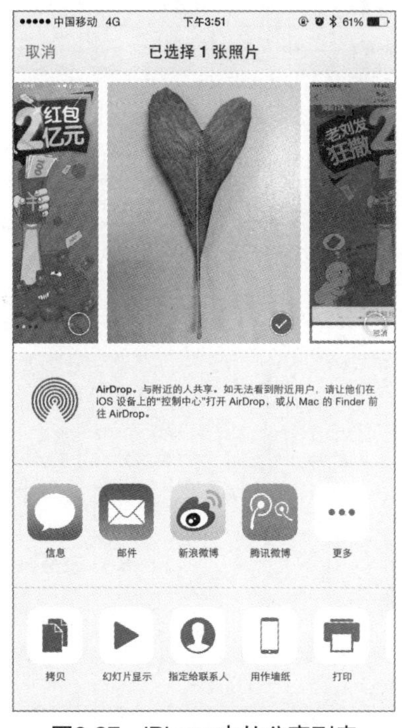

图6-27　iPhone中的分享列表

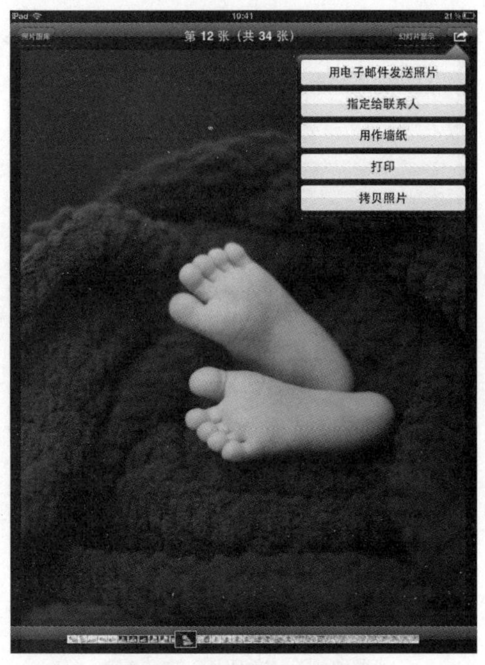

图6-28　iPad中的分享列表

7. *活动指示器和进度条*

iOS 系统中的活动指示器是一个不停旋转的放射状的太阳花，可以通过更改其属性来变换它的样式。活动指示器可以出现在状态栏中，如图 6-29 所示。

图6-29　iOS系统中的活动指示器

在已知进度的情况下，则可以使用进度条来表现程序的运行状态。有时为了防止进度条太过突兀，可以将其放置在工具栏等控件中，如图 6-30 所示。

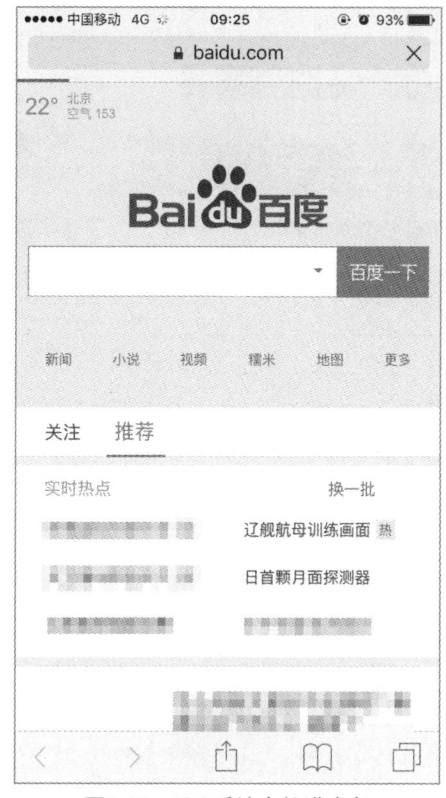

图6-30　iOS系统中的进度条

6.2.2　演示案例——制作 iOS 系统手机 UI 套件

制作 iOS 系统手机 UI 套件，最终效果如图 6-14 所示。

实现步骤

（1）本案例需要完成的 iOS 系统手机 UI 套件包括文本输入/输出控件、按钮、滑块、选择控件、对话框、活动指示器和进度条等。逐一对各控件进行绘制，首先确定主要颜色为蓝色和灰色，其中默认状态下使用灰色，高亮状态使用蓝色和绿色，如图 6-31 所示。

图6-31　控件套件的关键颜色

6 Chapter

（2）使用钢笔工具和圆角矩形工具绘制选择控件，使用华文细黑或苹方字体添加文字，效果如图 6-32 所示。

（3）为图层添加浅灰色的投影以增加立体感，效果如图 6-33 所示。

图6-32　绘制圆角矩形并添加文字

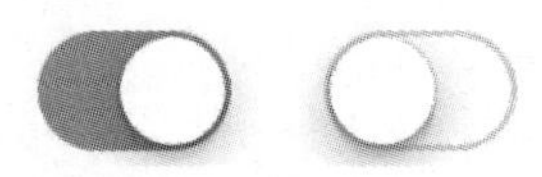
图6-33　为图层增加立体感

经验分享

为了让投影效果显得更加逼真和细腻，在为图层添加深色的外发光、投影样式的同时，可以在图层下面增加一个灰色的圆形，如图 6-34 所示。

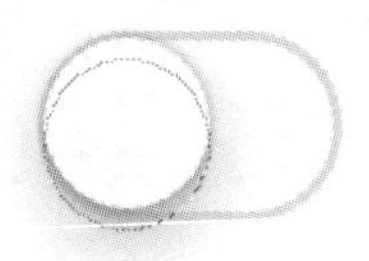
图6-34　为白色旋钮增加投影效果

（4）使用同样的方法绘制其他控件，最终效果如图 6-35 所示。

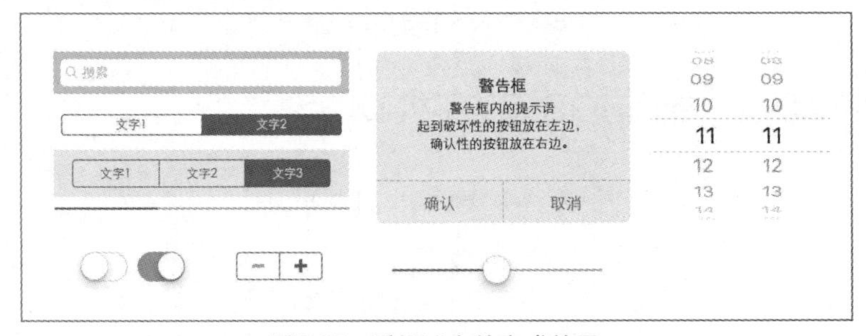

图6-35　手机UI套件完成效果

6.3 制作 iOS 系统控制中心界面

完成效果

iOS 系统控制中心界面的完成效果如图 6-36 所示。

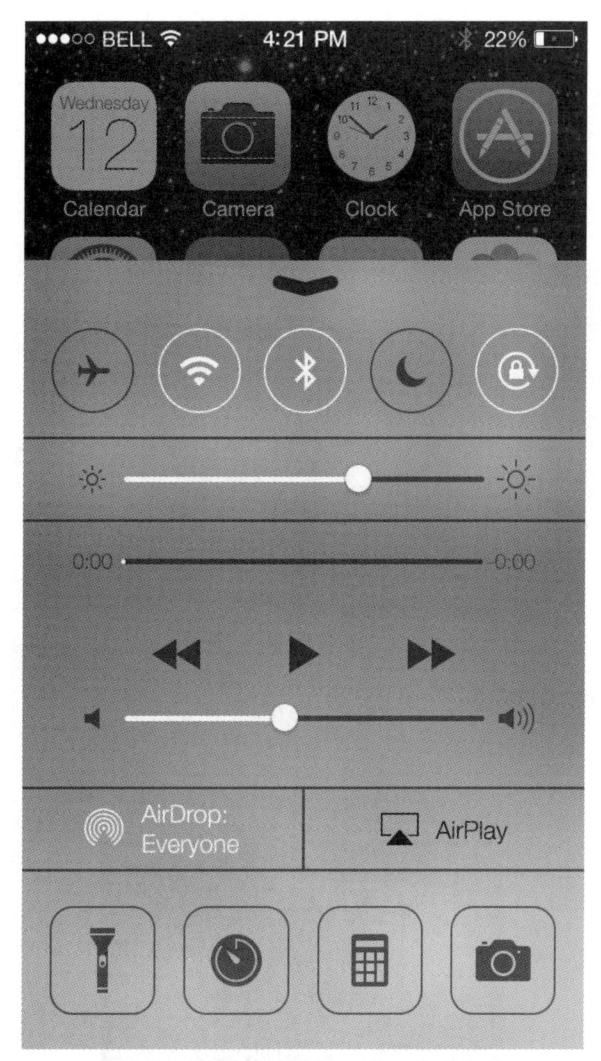

图6-36　iOS系统控制中心界面完成效果

案例分析

熟悉了 iOS 系统中的控件，在开始设计 iOS 系统控制中心界面之前，首先了解一下常见的 iOS 系统界面的布局。

6.3.1　iOS 系统界面的布局

在 iOS 系统中，列表视图主要分为普通表视图和分组表视图，如图 6-37 所示。

在 iOS 系统中，网格视图被称作集合视图，iPad 中更常用到。图 6-38 所示为 iOS 系统音乐类 App 界面效果。

图6-37　普通表视图和分组表视图

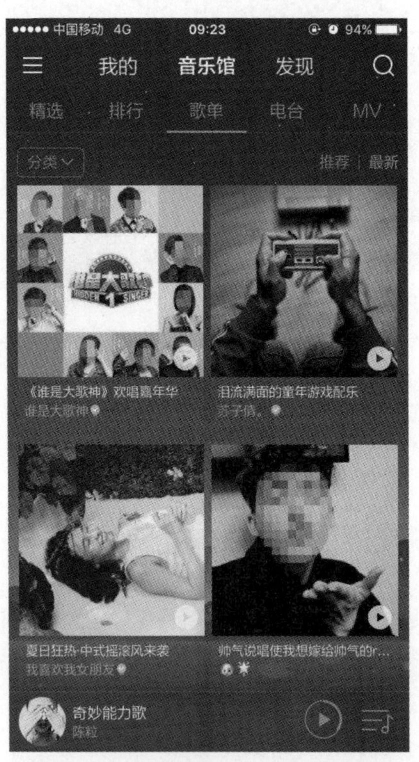

图6-38　iOS系统音乐类App界面效果

6.3.2　演示案例——制作 iOS 系统控制中心界面

iOS 系统控制中心界面的最终效果如图 6-36 所示。

实现步骤

（1）新建 750px×1334px 的画布，分辨率设置为 72 像素/英寸。

（2）将 iOS 系统主界面截屏并导入计算机作为图片素材。将此素材拖曳到画布上，在其上增加一个黑色半透明图层，效果如图 6-39 所示。

图6-39　主界面

（3）复制界面下面的区域，在新建图层上进行粘贴，然后对其进行高斯模糊。新建一个同等大小的白色矩形图层，更改其透明度，为界面增加清爽的透气感，效果如图 6-40 所示。

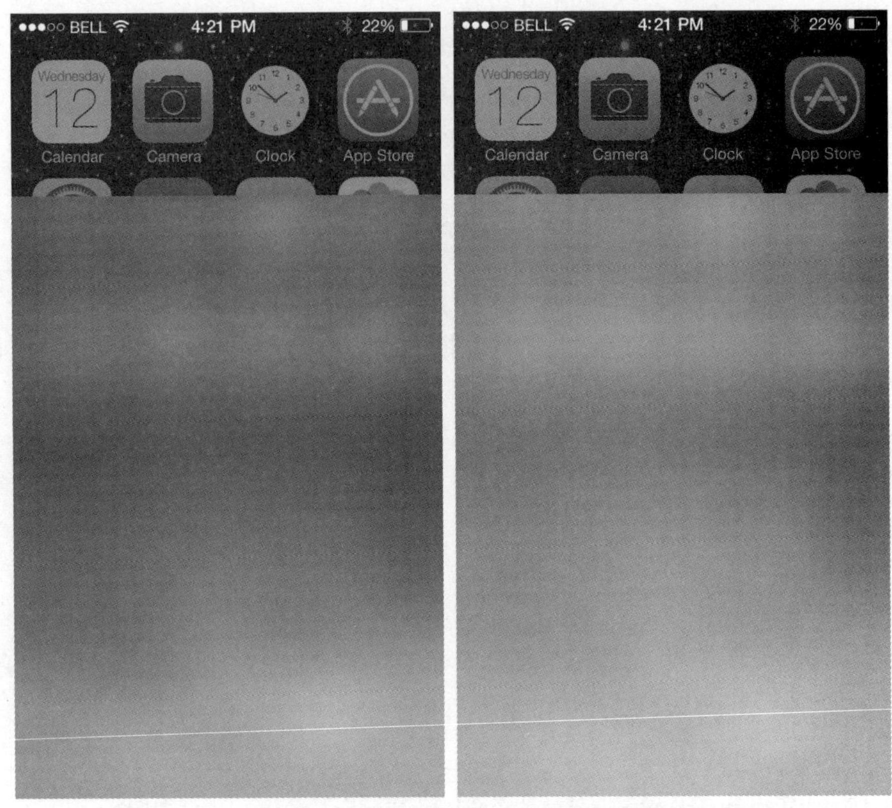

图6-40　高斯模糊并叠加白色半透明图层

（4）使用钢笔工具和形状工具绘制图标，效果如图 6-41 所示。

图6-41　绘制图标

经验分享

磨砂玻璃效果的整体风格趋于柔和，给人以温润的感觉，所以这里使用的并不是纯黑色（#000000），而是略带一点色相的深灰色。深灰色可以通过直接设置色值或者使用半透明的纯黑色来实现。

（5）调整细节，最终效果如图 6-42 所示。

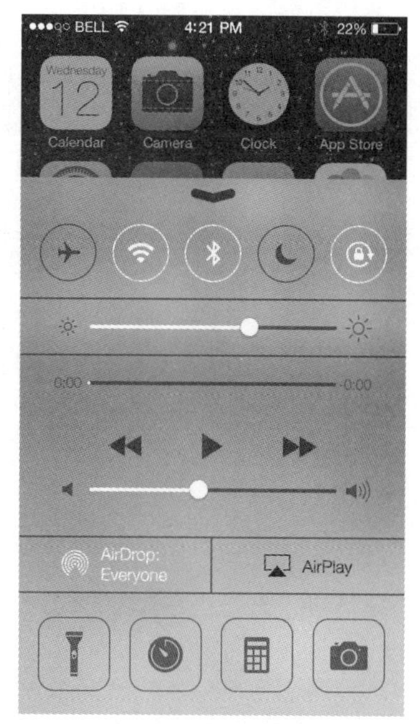

图6-42　完成效果

本章总结

- iOS 系统是由苹果公司开发的手持设备操作系统。iOS 系统操作界面精致、美观、简单易用，是 iPhone、iPad 以及 iPod touch 等相关硬件设备的强大支撑系统。
- iPhone 常用界面尺寸：640px×960px、640px×1136px、750px×1334px、1242px×2208px 等。推荐设计尺寸：750px×1334px。
- 设计师在设计中可以弱化状态栏的存在，将状态栏和导航栏巧妙地合并在一起，但是尺寸高度并没有变。
- 工具栏关注的是当前界面的操作，按钮操作中不能有屏幕的切换，而标签栏关注的是整体导航，有屏幕的切换。
- 常见的 iOS 系统的手机控件有文本输入/输出控件、按钮、滑块、选择控件、对话框、活动指示器和进度条等。

本章作业

1. 简述 iPhone 6 与 iPhone 6 Plus 中状态栏、导航栏以及标签栏的高度。
2. 简述 iOS 系统中对话框 3 种视图形式的区别是什么。
3. 简述 iOS 系统中网格布局与列表布局的区别。

第 7 章

“生活帮帮帮”App 项目的设计与制作

本章目标

- ❖ 掌握 App 界面设计的相关理论
- ❖ 了解“生活帮帮帮”项目的相关设计需求
- ❖ 掌握休闲生活类手机 App 的界面设计实现思路

本章简介

在前面的章节中详细讲解了不同风格下图标和界面的设计方法,并且对各应用系统的规范进行了系统剖析。在实际工作中,设计师要把这些知识贯穿起来并灵活运用才能够设计出精美的 App 界面。本章将真正着手设计和制作一套商用的休闲生活类 App 界面,即“生活帮帮帮”App 界面,通过实战案例带领读者了解和掌握 App 界面设计的流程和实现方法。App 界面完成效果如图 7-1 所示。

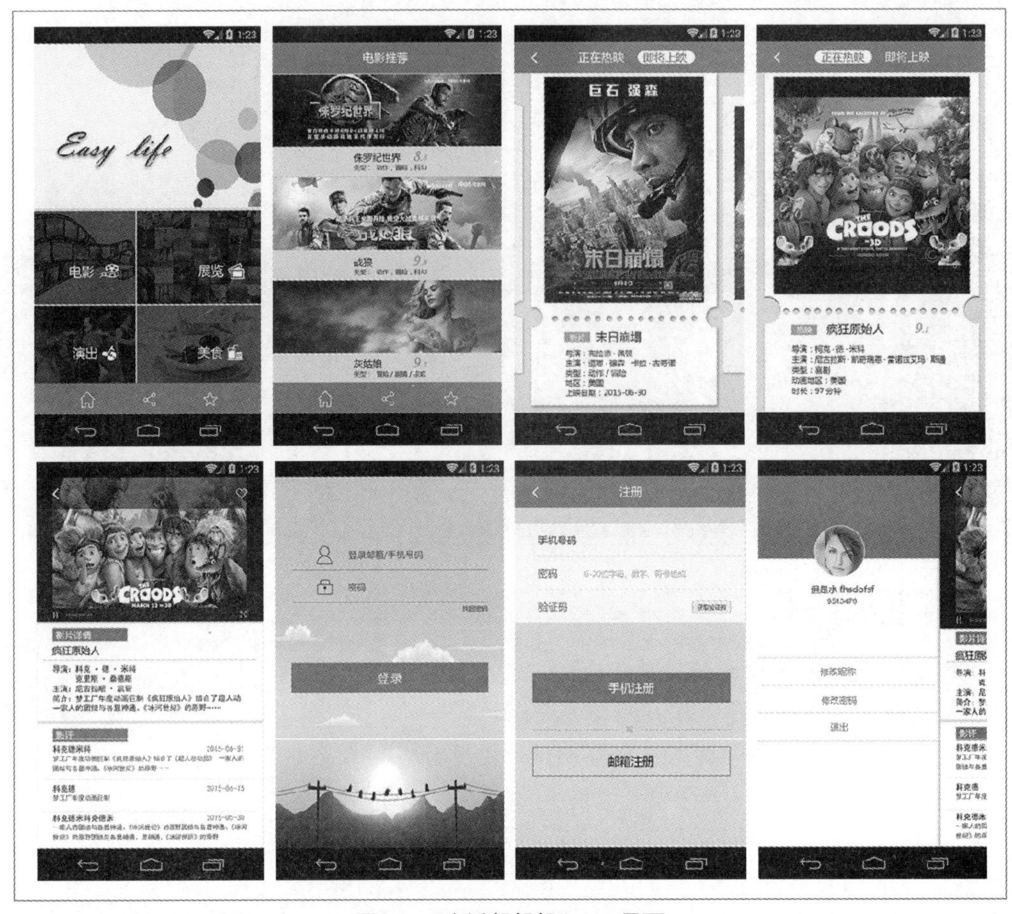

图7-1 “生活帮帮帮”App界面

7.1 Android 系统应用程序项目案例——“生活帮帮帮”项目

“生活帮帮帮”是一个休闲生活类的手机应用，在向用户推荐电影、美食、展览、演出等相关生活和娱乐信息的同时，还能够让用户对推荐的电影、展览、演出进行评论，并以短信的形式向好友发送相关推荐信息。用户还能够在 App 上进行电话订票并且在地图上查看活动位置，查找乘车路线等。

7.1.1 项目背景

随着智能手机的普及，人们已经习惯使用 App 终端进行上网、浏览信息、办理业务等日常操作。App 不仅仅是一种应用程序终端，它已经悄然成为一种生活方式，影响着人们的日常生活。

“生活帮帮帮”是一个休闲生活类的 Android 应用程序，用户可以查询自己所在城市近期和即将上映的电影、举办的展览和演出、推荐的美食等，还可以把自己感兴趣的信息推荐给好友。

7.1.2 设计要求及主要功能

“生活帮帮帮”App 的主要设计要求及功能如下。

1. **程序主界面要求**

启动 App 后，首先进入程序的主界面。程序主界面显示 4 个按钮，分别为电影、展览、演出、美食按钮。用户单击各按钮可以跳转到相应的界面，查看对应活动的推荐信息，如图 7-2 所示。

4 个按钮以九宫格的形式进行展示，这样的界面布局在视觉上看起来简单、大方、易于操作、便于扩充。

图7-2 主界面

2. **电影信息界面**

电影信息界面以列表形式显示“正在上映”和“即将上映”的电影信息，采用顶部的标签进行展示，用户单击标签中的任意一项，即可进入到相应的界面。更为详细的电影列表则采用分页显示，用户通过手指左右滑动屏幕即可对电影进行预览。电影信息界面中显示了电影的名称、类型、主演、上映时间等信息，如图 7-3 所示。

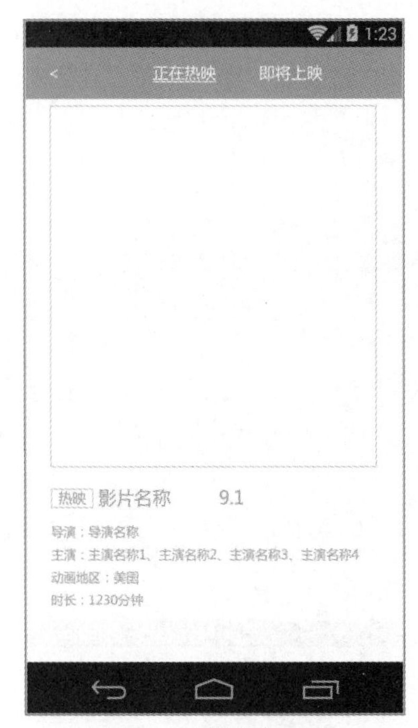

图7-3　电影信息界面

3. 电影详情界面

用户在电影界面中单击电影图片，即可进入电影详情界面，在这里加载了更多的电影信息和用户评论等，如图 7-4 所示。

图7-4　电影详情界面

4. 收藏界面

收藏界面以列表的形式显示用户收藏的信息。用户单击列表中的任意一项，可以查看收藏电影或活动的详情，如图 7-5 所示。

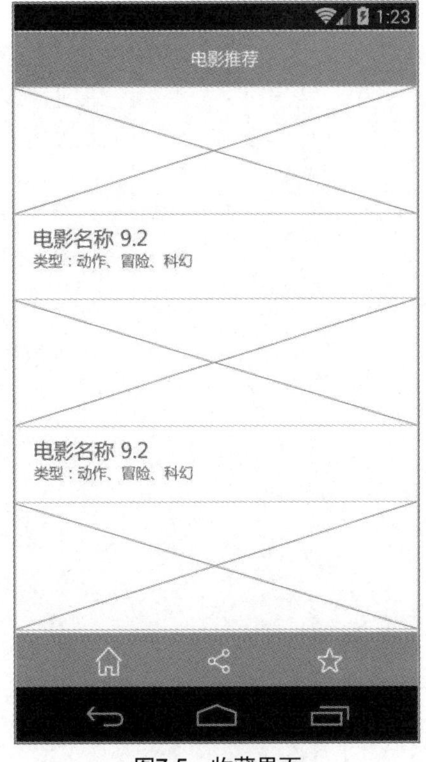

图7-5 收藏界面

7.2 App 类型及界面设计技巧

随着互联网的飞速发展，移动 App 逐渐走进人们的生活，然而有很多 App 在界面设计方面做得并不好，用户体验也不是很完美。相同类型或相同功能的 App 同质化严重，无论是功能还是界面几乎都没有什么差异。那么，在智能手机迅猛发展的时代，如何设计出一款令人眼前一亮的 App 界面呢？

7.2.1 App 的类型

App 的分类方法有很多种，这里介绍一种业内普遍认可的分类方法，按照 App 的类型不同分为应用型 App、沉浸型 App 和效率型 App。

1. **应用型** App

此类应用一眼便知其核心功能，简单的流程和布局，扁平化的信息层级，不需要逐级深入即可使用，如导航、天气、地图等 App 都属于应用型 App。图 7-6 所示为墨迹天气 App 界面。

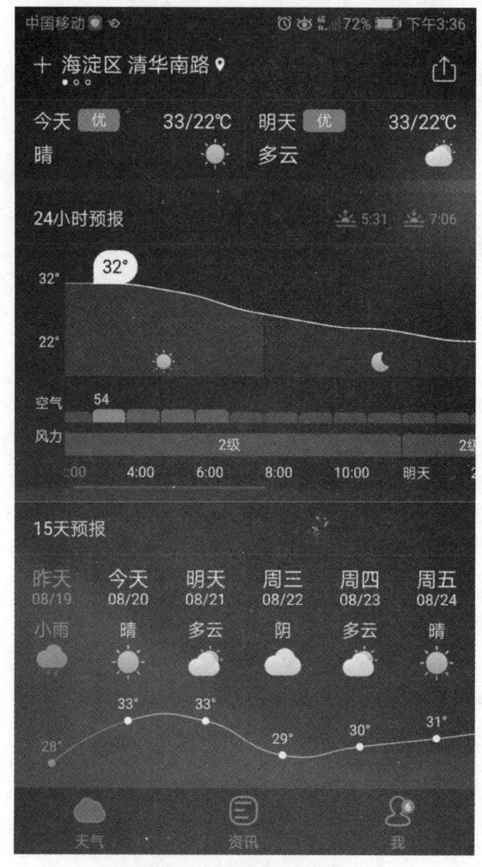

图7-6 墨迹天气界面

2. **沉浸型** App

此类应用聚焦内容和个性化体验，界面大都占据整个屏幕，游戏类、影视类、阅读类等 App 都属于沉浸型 App。图 7-7 所示为刀塔传奇游戏 App 界面。

3. **效率型** App

此类应用能够完成对具体信息的组织与处理，通过层次划分来管理信息并设置快捷键进行操作，包括社交类应用及新闻类应用，如图 7-8 所示。

图7-7 刀塔传奇游戏App界面

图7-8 新闻界面

7.2.2 App的界面设计技巧

不同类型的 App 需要不同的用户体验设计。屏幕的大小、分辨率、多点触控、显示器、兼容性、支持手势、横竖屏以及合理的反馈等因素也会影响用户体验设计。

从项目设计的角度出发，设计师在设计 App 界面的时候，需要做到以下几点。

（1）拥有移动 App 的设计理念。由于移动设备的界面尺寸较小，控件占据的实际面积紧张，App 的界面设计应尽量保持简洁，让信息一目了然，不隐晦，不会误导用户，如图 7-9 所示。

图7-9　简洁的界面

（2）设计有特色的、与众不同的界面。设计创意需要独一无二，用户往往喜欢新的东西。如果设计的 App 界面布局和风格过于陈旧，很难让用户留下印象，如图 7-10 所示。

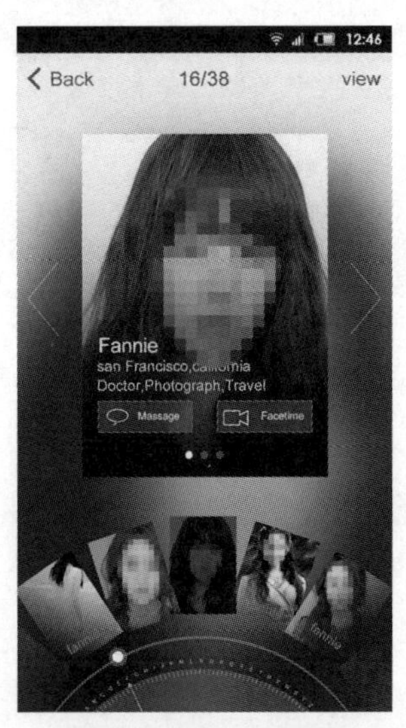

图7-10　个性化界面

（3）把握应用需求，确认核心功能和布局。精准定位 App 应用软件，对各种需求进行汇总和讨论，模拟出设计初稿，如图 7-11 所示。

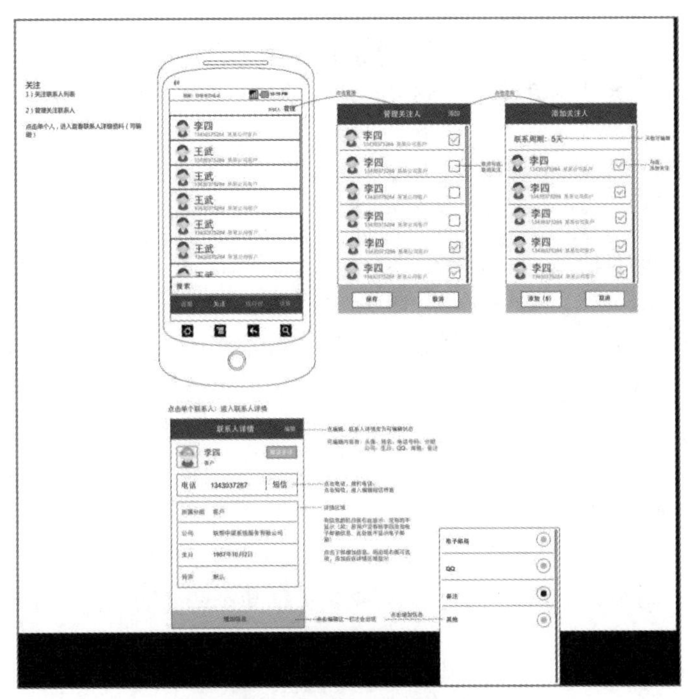

图7-11 确立核心功能和布局

（4）提倡采用有质感、有仿真度的图形界面，尽量接近用户熟悉或者喜欢的风格，如图 7-12 所示。

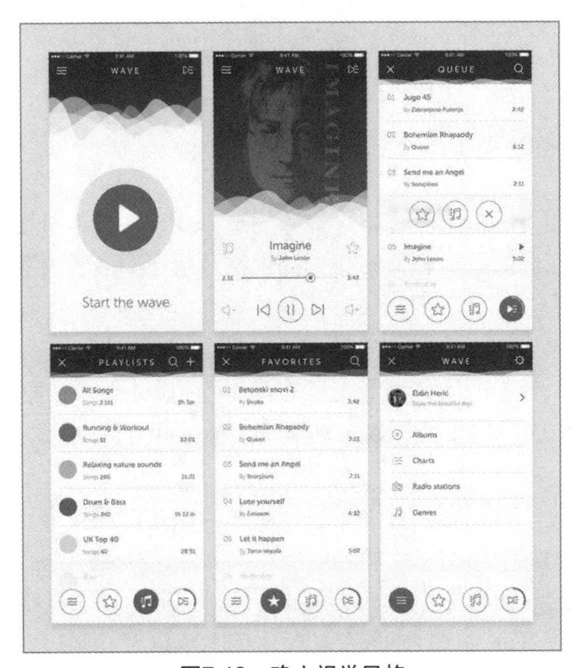

图7-12 确立视觉风格

经验总结

在实际设计过程中，可以多举行交流会，目的是不要过于沉浸在自己的设计里，多从项目需求、主要用户使用习惯出发，多学习和多欣赏相关竞品 App 的界面、布局和功能。

7.2.3 项目实现流程

微信之父张小龙曾说过：“要把复杂的功能做成一个简单的产品，让用户用起来觉得很简单”。那么如何做成一个简单的移动 App 产品呢？首先你的 App 界面设计流程应该是简单的：

产品需求→产品原型→视觉设计→建立视觉规范→高保真界面设计→切图→开发

App 的设计细节较多，具体要精确到像素。所以在多人参与的项目中，需要设计师在确定设计效果之后，第一时间确立视觉设计规范。这样才能在多人共同设计时，确保界面的统一性和完整性，避免一个功能多种样式、重复劳动和不必要的返工，从而提高工作效率。

7.3 “生活帮帮帮”界面设计实现思路

设计师在拿到项目需求之后，如何从一张白纸开始制作精美的界面成为设计师的当务之急。下面就来详细介绍一下 App 界面设计的实现思路。

7.3.1 内容优先和布局合理

对于手机而言，因为屏幕空间有限，资源的选择就显得尤为重要。为了提升手机屏幕空间的利用率，界面布局应以内容为核心。提供符合用户期望的内容是移动应用获得成功的关键。

优秀的 App 界面视觉设计能够非常明确地传达 App 的主旨，在第一时间清晰明了地向用户阐述 App 的核心功能。产品是一个完整的整体，其设计必须是由内而外的统一、协调。色彩、图形、布局等的选择也必须与 App 的功能、情感相呼应，才能及时传达 App 的设计理念。

设计师设计界面时，首先应该对界面的分辨率、尺寸以及各个元素的尺寸有明确的认知，然后才能合理地确定画面的主色和辅助色。比如，同样是团购类 App，糯米用的是桃红色，美团用的是绿色。在考虑产品气质和品牌色的同时，还要考虑配合和衬托产品主色调的辅助色。制作时应该首先规划出各个功能区的大致框架，然后再逐渐刻画细节部分。这种从整体到局部的刻画方法可以保证整体效果的美观。

7.3.2 界面的绘制和构建

在界面绘制之初就设置好参考线是个很好的工作习惯。上下参考线根据设计规范很容易设置，有具体的数值可以作为参考，如图 7-13 所示。

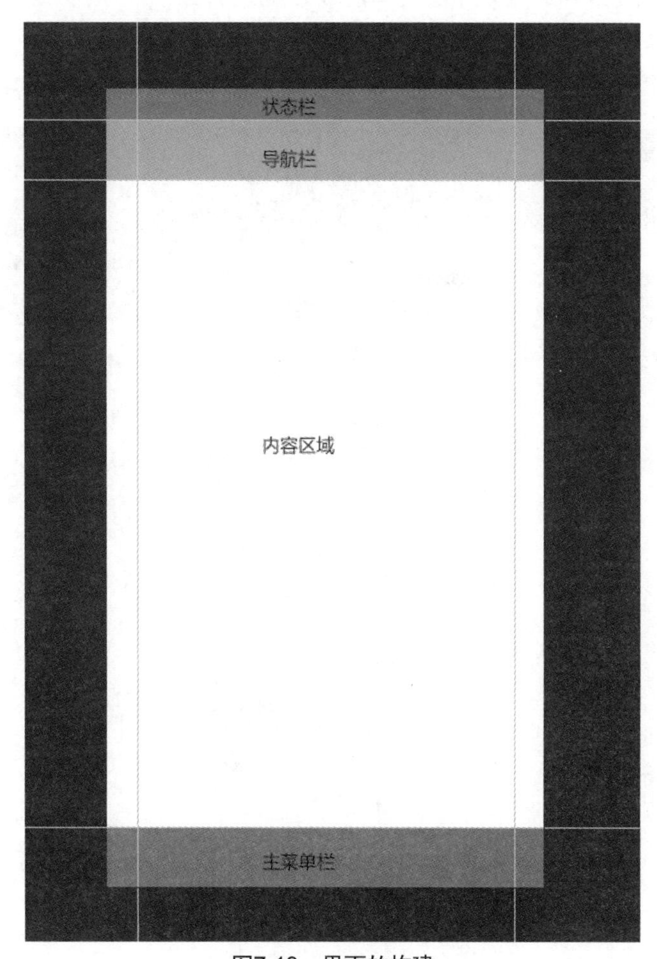

图7-13 界面的构建

7.3.3 功能架构

一个完整的 App 界面包括状态栏、导航栏、中间的内容区域，以及主菜单栏。

1. 状态栏

状态栏主要显示信号、运营商、电量等，不用去绘制，可以直接使用已经设计好的素材来代替。例如可以在 App 设计模板中去获取。

2. 导航栏

导航栏的一般布局：左边放置图标，中间为主题文字，右边提供 App 中用户最关心的功能入口。从导航栏的设计开始，要多效率地使用 Photoshop 里的形状工具。

经验分享

设计师在实际项目实施中也可以打破常规，将用户关心的功能或频道的文字、图标放在导航栏中，更方便用户单击和操作。图 7-14 所示的饿了么和美团外卖 App 界面中，都将用户最关心的地点、搜索等关键功能和信息放在了导航栏中。

图7-14　饿了么和美团外卖App界面

3. **内容区域**

设计师可以先绘制主体框架，再绘制细节模块。也就是遵循从整体布局到分模块设计的设计理念进行绘制。

4. **主菜单栏**

主菜单栏的 UI 组成也很简单，先划分区域，每块区域可以是“图形+文字”的组合，也可以是只有图形或只有文字，如图 7-15 至图 7-17 所示。

图7-15 主菜单栏（1）

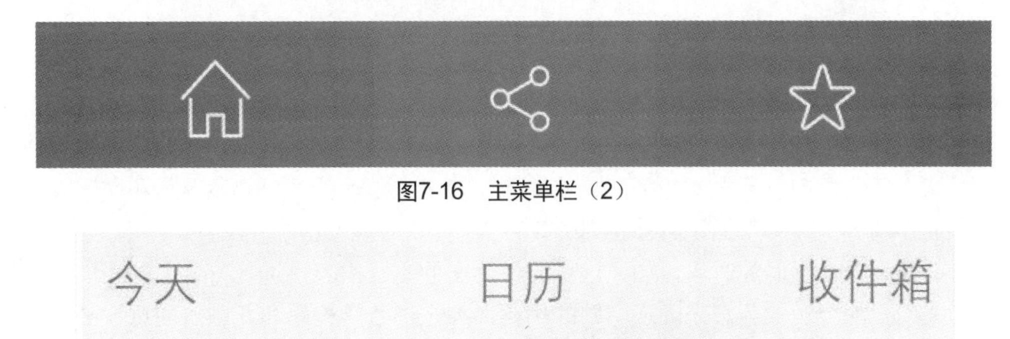

图7-16 主菜单栏（2）

图7-17 主菜单栏（3）

7.3.4 色彩运用

界面主色调采用蓝色，体现了生命力和互动性的娱乐因素，符合年轻人的心态。但是过于偏冷会给人一种压抑感，需要一些暖色调来冲淡冰冷的感觉。所以辅助色采用了橙色，冲淡了蓝色偏冷的感觉，缓解了冷色调对视觉的压抑感，使整个界面视觉上看起来更加柔和。

7.3.5 技术要点

（1）使用参考线来准确划分界面结构。每个界面都分为多个子模块，模块间的水平或者垂直对齐主要依靠参考线进行划分。

（2）合理使用图层、图层组，使图层结构更加清晰。根据界面模块的不同，可以把同一模块位置的元素整理到统一的图层文件夹里，避免文件混乱。

（3）注意界面的合理用色和颜色间的搭配。用色分为主色、辅助色、点睛色。若颜色搭配不合理，整个界面的效果就会大打折扣。尤其要注意冷暖色调的配比，以及点睛色的缓冲作用。

（4）界面的两大元素是图形和文字。既要注意图形在界面中的位置，又要确保文字排版的清晰可读性，合理地抓住主次关系。

7.3.6 设计前的注意事项

设计师在设计前务必要跟产品经理及开发人员沟通以下细节。

（1）明确针对的系统是 Android 系统还是 iOS 系统，以及最大尺寸是多少。

（2）明确目标用户，确定设计风格。

（3）和开发团队沟通具体的切图方式，是否采用点九切图。

（4）开发前，参加项目的需求评审，明确页面中的交互及页面之间的跳转逻辑。

本章总结

通过“生活帮帮帮”休闲生活 App 的设计，读者能熟练掌握之前所学的设计技巧，深入了解如何使用参考线来准确划分界面结构；合理运用图层及图层组，使图层结构更加清晰；掌握合理用色和颜色之间的搭配将使界面在视觉上更加美观；熟悉图形和文字设置在界面中的作用等，对所学知识融会贯通，学以致用。

设计师在设计界面的时候，如果认真分析界面的主题内容，选择符合主题表现形式的布局，采用搭配合理的色彩来表现主题的风格，加之细心的构思和新颖的创意，必然可以设计出优秀的移动 UI 界面。

本章作业

1. 简述应用型 App、沉浸型 App 以及效率型 App 的区别是什么。
2. 阐述 UI 设计师在设计界面时，应如何对界面内容进行合理化布局。
3. 简述 UI 界面设计中需要注意的技术要点。